邊界元素法精確上手

李兆芳　編著

編者序

　　本書的方法"邊界元素法"基本上為使用"元素"概念的數值模擬方法，相較於編者所著"有限元素法輕鬆上手"，應用來求解特定的問題，確實有其優越之處，這也是我個人使用邊界元素法的重要原因。然而，本書是否仍為"輕鬆"上手呢？答案應該是"精確"上手，最大的原因是需要使用精確的內容才能夠展現數值方法的強大功能。邊界元素法雖然延續有限元素法使用加權殘差法建立邊界積分式，但是需要使用一般人不熟悉的積分降階轉換、Dirac Delta 函數的使用、基本解（fundamental solution）的求得、含有奇異點（singularity）的積分討論，更需要的上述這些實際計算需要的精確表示式。需要有這些的內容，再配合電腦程式的建立，幾乎才有辦法使用邊界元素法求解問題。這也讓初學者很難入門，更讓邊界元素法很可惜的沒有被好好利用。本書的內容就是針對這些關鍵問題完整的具備這些內容。更進一步的，本書特別增列計算三維問題邊界元素法的完整基本內容，更是讓本書的優越性得到加分中的加分。

　　讓編者開始使用邊界元素法，起源於了解到 Sulisz (1985) 的這篇文章"Wave Reflection and Transmission at Permeable Breakwaters of Arbitrary Cross Section," 利用邊界元素法，計算梯形透水防波堤受入射波作用的問題。當時 Sulisz 說邊界元素法的優點在電腦程式非常小、計算非常快，相對於其他方法這已經是最大的吸引力。對於邊界元素法的說明，本書全盤藉助於 Brebbia (1978) 的書 The Boundary Element Method for Engineers，他的書已經詳細說明了邊界元素法的使用。我這邊僅僅加了我個人使用求解的經驗進行整合性的說明，在三維問題方面，則引用黃材成博士論文（1988）的三維問題計算、陳伯義碩士論文（1998）和陳誠宗博士論文（2012）的三維問題使用經驗，同時蒐集文獻加上基本解的求解方法，最後以全書表達一致的寫法來呈現內容。

　　本書內容規劃的精神，為藉由一維問題說明邊界方法的基本概念，也藉由一維問題說明邊界方法的計算原理，一維問題可以說已經包含全部邊界方法的意涵。二維問題比較接近實際的物理問題，由內容可以看出真的就是一維問題的延伸。不過，二維問題卻才可以包括全部邊界元素法所有的計算細節，二維問題的應用也比較是一般的實用問題。二維應用問題包括有基本的 Brebbia (1978) 書上的測試問題、基本的流體力學問題、地下水滲流問題、還有作者個人專業領域的波浪問題。三維邊界元素法應該是本書彙整內容最大的特色，包含所有需要用到的計算細節，照著使用應該就可以計算三維的問題。最後，Helmholtz 方程式的應用計算，則是常用的三維問題簡化，可利用來計算港池振盪問題，也是波浪問題中很重要的應用。

　　本書的定位仍然在於作者出書的一貫想法，將基本的內容作精確的介紹，讓入門初學者能夠真正的學到這個方法，然後進一步能夠進行實際計算，說明的都是基礎的內容。邊界元素法在應用上也涵蓋各方面的領域，特別是非線性動力學、水流的 Navier-Stokes equation、結構的彈性力學，有興趣的讀者可以自行上網蒐尋需要的資料。

　　本書的完成基本上是彙整作者過去教學邊界元素法課程的內容，在編輯上藉助於過去學生和助理們的幫忙打字繪圖，在此表示感謝。學到邊界元素後，應該會發現這個方法其實是一個很小的方法，卻是可以做很大的應用，去求解實際物理上的問題。經過諸多的應用之後，卻也發現原來最根本的問題，在於如何將物理問題轉換為數學上的邊界值問題，抑或者是求解問題裡面的遠域輻射邊界條件。至於邊界元素法的建置，又似乎已經是微不足道，畢竟也只是一種數值方法。

李 兆 芳　于成大

2020/06/27

目　錄

第一章　概　述

本章大綱

1.1　緣起

1.2　數值方法

1.3　邊界值問題的種類

1.4　本書內容編輯

1.1　緣　起

　　幾乎每本邊界元素法的書一開始都會提到這個方法的發展史，其實若想真的了解，參考這些書這方面的敘述就會有一些概念。每本書敘述的大同小異，在這裡編者就不重複。邊界元素法來自邊界積分法（boundary integral method），在以前電子計算機或者電腦計算不發達，因此邊界積分的實際計算就被擱置一邊，直到電腦迅速發達起來。編者對於邊界元素法的認識開始於 Sulisz (1985) 的這篇文章"Wave Reflection and Transmission at Permeable Breakwaters of Arbitrary Cross Section," Coastal Engineering, Vol. 9, pp.371-386.這是利用邊界元素法，計算梯形透水防波堤受入射波作用產生反射波和透過波，所考慮的防波堤其組成材料透水性質不同，如圖 1-1 其原來文章所附的圖。

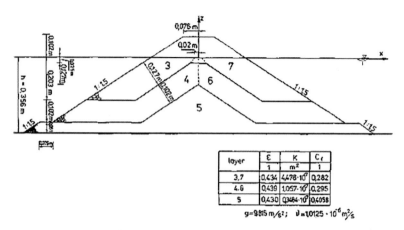

layer	ε 1	K m^2	C_f 1
3,7	0.434	$4.478 \cdot 10^9$	0.282
4,6	0.439	$1.057 \cdot 10^9$	0.295
5	0.430	$0.3484 \cdot 10^9$	0.4058

$g=9.815\ m/s^2;\quad \nu=1.0125 \cdot 10^{-6}\ m^2/s$

圖 1-1　多種材料組成梯形防波堤斷面示意圖

　　邊界元素法在推廣應用所強調的為，此方法寫成電腦程式比起諸如有限元素法程式變成小很多，因此相當具有吸引力。這是當時的說法，不過，以編者個人使用數值方法的經驗來說，每種數值方法都有其優勢和弱點。使用邊界元素法進行計算，很大的時間將花費在了解方法的理論上面，當然數值計算就相形簡易。

　　編者研究團隊利用邊界元素法模擬水中浮式結構物與波浪互制問題，結果如圖 1-2 所示。模擬條件：水深 10m，矩形結構寬 5m 高 3m，波浪週期 3.1sec。(a) 圖時間 1.9sec，(b) 圖時間 6.4sec，分別代表結構物往左運動和往右運動的情形。利用邊界元素法模擬結構物周遭波浪場，配合結構物運動方程式計算結構物運動。

(a)

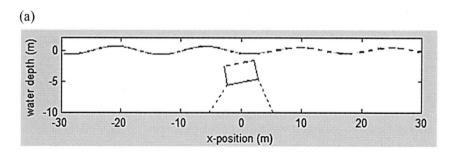

(b)

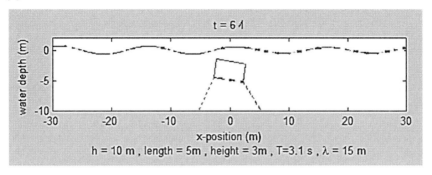

圖 1-2　水中浮式結構與波浪互制模擬圖

(a) 時間 1.9sec；(b) 時間 6.4sec

1.2　數值方法

　　邊界元素法為<u>數值模擬方法</u>的一種，其他的方法有傳統的有限差分法（finite difference method），以及後續發展出來的有限元素法（finite element method）、有限體積法（finite volume method）、有限解析法（finite analytic method）等等。數值方法也可分成領域方法（domain method）或邊界方法（boundary method）。數值方法求解邊界值問題，即在求得數值近似解，分別滿足領域中的控制方程式，以及邊界上的條件。就數值方法求解而言，有些方法滿足邊界條件，然後求得領域中的近似解，如有限差分法、有限元素法，這類方法稱為領域方法。而有些方法滿足領域的控制方程式，然後去計算邊界上的函數值，如邊界元素法（boundary element method），這類方法則屬於邊界方法。

　　以下簡單說明邊界元素法（邊界方法）和有限元素法（領域方法）比較的優勢。以波浪通過棧橋式結構物的問題求解來看，如圖 1-3 所示，理論解析需要分成三個領域。有限元素法求解需要在求解領域裡面劃分元素格網，如圖 1-4 所示；而邊界元素法求解則僅需要在邊界上取元素格網，如圖 1-5 所示。以劃分元素格網的角度來看，有限元素法需要在二維領域裡面選取元素格網，元素可以是三角形或四邊形。但是邊界元素法則僅需要在一維的邊界上取元素。很明顯的在這方面邊界元素法就有很不錯的優點。

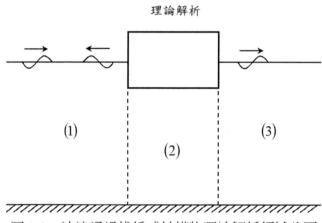

圖 1-3　波浪通過棧橋式結構物理論解析領域分區

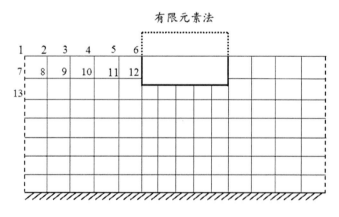

圖 1-4　波浪通過棧橋式結構物有限元素法領域格網

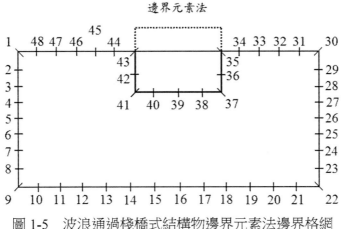

圖 1-5　波浪通過棧橋式結構物邊界元素法邊界格網

數值方法簡單的說，就是利用電腦計算的方法，這種方法最主要的就是取代理論解（theoretical solution）的一種求解方法。數值方法比理論解功能更強（powerful），能夠處理所求解問題領域不具幾何規則性的問題。在學術研究上為相當需要的一種工具。就學習而言，要學到這樣的方法需要界定學習者的位階，這裡的內容設計是針對大學高年級生或者研究所的學生，因此，方法的介紹目的為讓學習者能夠瞭解邊界元素法的計算原理，同時能夠利用電腦程式語言（無論高階的 matlab 或低階的 Fortran 語言）寫出計算的程式。

　　數值模擬方法所求解的問題當然為物理上的現象，可是訴諸於問題求解就需要把物理問題另以數學的邊界值問題（boundary-value problem）呈現。在大學階段所謂的邊界值問題描述，就需要利用到偏微分方程（partial differential equation）來描述領域內物理量的活動。有關於偏微分方程式的分類和特性可以參考 Farlow (1982)，如圖 1-6 所示，其書中的描述有針對物理特性對應到數學描述的本質，相當有概念。

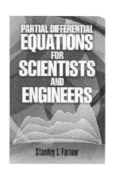

圖 1-6　Farlow (1982) 偏微分方程的書

http://store.doverpublications.com/048667620x.html

1.3　邊界值問題的種類

　　數值方法所求解問題一般指的是邊界值問題（boundary-value problem），或含有時間的邊界值問題，稱為起始值（initial-value）和邊界值問題。含有時間變化的問題在結構分析中稱為動力分析（dynamic analysis）問題。邊界值問題包括控制方程式（governing equation），以及對應的邊界條件（boundary conditions）。控制方程式為定義在計算領域（domain）的描述物理量的微分方程式，邊界條件則顧名思義為邊界上的函數值。

　　偏微分方程的種類有三種，拋物線（parabolic）型態、雙曲線（hyperbolic）型態、以及橢圓（elliptic）型態（Farlow, 1982）。

一維**拋物線型態**微分方程式可寫為：

$$u_t = \alpha^2 u_{xx} - \beta u_x - \gamma(u - u_0) + f \tag{1-1}$$

式中下標 t 和 x 表對時間 t 和對 x 微分，等號右邊第一項為擴散項

（diffusion），第二項為對流項（convection），第三項為與 u_0 之差異成比例的項，第四項則為外力項。（1-1）微分式所對應的邊界條件為：

$$u = g_1(t) \tag{1-2a}$$

$$u_x = g_2(t) \tag{1-2b}$$

起始條件為：

$$u(x,0) = g_3(x) \tag{1-3}$$

一維**雙曲線型態**微分方程式（Telephone equation）可寫為：

$$u_{tt} = \alpha^2 u_{xx} - \beta u_t - \gamma u + f \tag{1-4}$$

式中，等號右邊第一項為張力項（tension），第二項為摩擦項（friction），第三項為回復力項（restoring force），第四項則為外力項（external force）。對應邊界條件為：

$$u = g_1(t) \tag{1-5a}$$

$$u_x = g_2(t) \tag{1-5b}$$

起始條件為：

$$u(x,0) = g_3(x) \tag{1-6a}$$

$$u_t(x,0) = g_4(x) \tag{1-6b}$$

一維**橢圓型態**微分方程式可寫為：

$$u_{xx} = 0 \tag{1-7}$$

對應邊界條件為：

$$u = g_1(t) \tag{1-8a}$$

$$u_x = g_2(t) \tag{1-8b}$$

二維和三維橢圓型態微分方程式則分別為：

$$u_{xx} + u_{yy} = 0 \qquad (1\text{-}9)$$

$$u_{xx} + u_{yy} + u_{zz} = 0 \qquad (1\text{-}10)$$

　　由上面三種微分方程式的型式可以看出，橢圓型態問題沒有時間微分，而拋物線型態則有一次時間微分項，雙曲線型態有二次時間微分項。就數值方法求解問題而言，一般在介紹上都由橢圓型態問題開始，而對於時間的處理方法，基本上是處理時間的微分式，幾乎都是使用有限差分法的概念。對時間微分的處理最簡單的概念就是積分（integration），因此可以在網路上以 time integration 關鍵字找到相關資料。而如果在結構物力學分析的內容裡面，由於時間變化是描述一種動態的行為（相對於靜態分析），因此相關的內容則分類在動力分析（dynamic analysis）。

　　就求解邊界值問題而言，數值方法則相較於理論解析。理論解析只能應用於規則幾何型態的領域（domain），若遇到不規則形態的領域就只能訴諸於數值計算求解。而也是這個原因，目前大量使用的電腦模擬軟體都是數值模式。電腦模擬方法在計算上需要使用到程式語言，過去都是使用 Fortran，現在則也可使用高階程式語言如 Matlab。

1.4　本書內容編輯

　　本書注重的為邊界元素法計算方法的建立和程式的完成，因此不會針對現有的模式來說明利用和計算。當然，學生可以參考網路上面現有的程式，但是仍建議了解其程式中的建置原理。另方面，利用來說明的例子都為很基本的邊界值問題，用來測試自己建立起來的模式的正確性。至於實際複雜的應用問題將不會是本書的說明對象。

　　本書內容主要參考 The Boundary Element Method for Engineers, by C.A. Brebbia, 1978，第一版和第二版。但是會加上個人使用邊界元素法經驗的說明。Brebbia (1978) 的書也推薦學習者閱讀，其書中有將 Fortran 程式幾乎完整的列出來，同時也有程式的說明，相當值得參考。

http://books.google.com.tw/books?id=YBElJxdldHYC&printsec=frontcover
&hl=zh-TW&source=gbs_ge_summary_r&cad=0#v=onepage&q&f=false

　　有關邊界元素法更理論相關的內容，可參考以下這本書 Brebbia et al. (1984)。如果學習者對於邊界元素法理論推導、方法的應用或更多的資訊有興趣則可以閱讀此書。

http://www.springer.com/engineering/computational+intelligence+and+comp
lexity/book/978-3-642-48862-7

邊界元素法也有利用在地下水流的模擬，可以參考以下 Liggett and Liu (1983) 這本書。書中對於水流的描述相當明確，特別是具有滲流水面動力機制的說明，這部份也足以應用到波浪水面非線性模擬的問題上面。

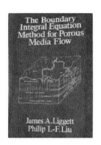

https://books.google.com.tw/books/about/The_Boundary_Integral_Equation_
Method_fo.html?id=AjRmQgAACAAJ&redir_esc=y

本書在內容的編排上面，核心內容來自於 Brebbia 的書，不過在說明上面有加入編者的註解和補充，同時也加入實際計算過的例子作應用說明。主要章節如下：

第一章　概述：起源、求解的問題、數值方法、內容編輯。

第二章　一維邊界方法：利用一維問題說明邊界方法。邊界方法的種類包括 (a) homogeneous approach or Trefftz method, (b) singular approach, (c) Green's function approach。

第三章　二維邊界方法：邊界積分式、基本解、內部點計算。

第四章　二維常數元素邊界方法計算：元素的概念、矩陣計算式。測試問題計算、應用問題計算。

第五章　二維線性元素邊界方法計算：線性元素、矩陣計算式。測試問題計算、應用問題計算。

第六章　包括各種應用問題。分別為水槽造波模擬、含有入射波問題、入射波作用在水中結構物、波浪與水中浮式結構物互制、波浪與可變形結構物互制、以及壩體滲流問題計算。

第七章　三維問題邊界元素法計算，包括邊界積分式，以及四邊形和

　　三角形常數元素計算式。

第八章　其他問題型式的問題，包括兩個區域問題計算式、Helmholtz
　　　　方程式的應用和港池振盪問題計算。

其他相關網路資源：

(1)　http://en.wikipedia.org/wiki/Boundary_element_method

(2)　http://www.olemiss.edu/sciencenet/benet/

(3)　http://www.ntu.edu.sg/home/mwtang/bem2011.html

(4)　Boundary element method with Matlab http://www.tandfonline.
　　　com/doi/abs/10.1080/00207390701722676#preview

邊界元素法精確上手

第二章　一維問題邊界方法

2.1　邊界方法的加權殘差法

　　相對於理論解析（analytic solution）求得正解（exact solution），數值方法則是求得近似解（approximate solution）。可以理解的，近似解用在所求解的邊界值問題上會產生誤差（error）。若以所求解問題來看，則在控制方程式上可能產生誤差，同時在邊界條件上也有可能產生誤差。誤差函數（error function）或稱為 Residual function（殘差函數），R，需要留意的，殘差函數為空間分佈的函數。目前有利用元素（element）概念的數值方法一般都使用加權殘差法來建立數值計算式。加權殘差法在作法上，為使用加權（weighting）的概念，讓殘差函數為最小（零）。在計算上為殘差函數乘上加權函數，然後對整個求解問題累加起來（或積分計算）。而希望得到的誤差為最小，即令為零。另外，加權在空間各個位置可能權重不同，因此加權量也是一個空間函數，即加權函數（weighting function）。

　　考慮數值方法得到的解為近似解 u，則殘差產生來源可能來自控制方程式，而也有可能來自邊界上。合理上，兩者的殘差均需要乘上加權函數，一起考慮最佳誤差控制。但是就理論而言，領域中控制方程式的殘差和邊界上邊界條件的殘差，所需要的加權函數型式可能不同，在此也不知道個別加權函數的型態究竟為何，因此入門階段只能先由控制方程式的殘差加權著手，所謂的基本的加權殘差型態。

　　由控制方程式得到的殘差為 R，令 w 為加權函數，則整個問題領域的加權殘差表示式可寫為：

$$\int_\Omega R \cdot w \, d\Omega = 0 \tag{2-1}$$

式中，Ω 為計算的領域。以下以一維問題說明加權殘差法的處理過程。考慮控制方程式為：

$$\frac{d^2 u}{dx^2} + \lambda u - b = 0 \quad , \quad 0 \le x \le 1 \tag{2-2}$$

邊界條件為：

$$u = \overline{u} , \quad x = 0 \tag{2-3}$$

$$q = \overline{q} , \quad x = 1 \tag{2-4}$$

則加權殘差式可寫為：

$$\int_0^1 \left(\frac{d^2 u}{dx^2} + \lambda u - b \right) \cdot w \, dx = 0 \tag{2-5}$$

由於使用數值方法求解，在此 u 視為近似解，w 則為加權函數。但是就求解問題而言，均需要利用函數表示式表出，即需要以數學函數表示出來，因此，函數的可微分性要求需要滿足求解問題的需要。另一方面，近似解和加權函數兩者的可微分性要求也希望相差不大，故而考慮對（2-5）式的微分項進行降階，即只對 $\dfrac{d^2u}{dx^2}$ 項處理。（2-5）式第一項降階運算為：

$$\int_0^1 w\frac{d^2u}{dx^2}dx = \int_0^1 \frac{d}{dx}\left(w\frac{du}{dx}\right)dx - \int_0^1 \left(\frac{du}{dx}\cdot\frac{dw}{dx}\right)dx$$

$$= w\frac{du}{dx}\bigg|_0^1 - \int_0^1 \left(\frac{du}{dx}\cdot\frac{dw}{dx}\right)dx \qquad (2\text{-}6)$$

利用（2-6）式代入（2-5）式可以得到：

$$-\int_0^1\left(\frac{du}{dx}\cdot\frac{dw}{dx}\right)dx + \int_0^1(\lambda u - b)\cdot w\,dx + \left(w\frac{du}{dx}\right)\bigg|_0^1 = 0 \qquad (2\text{-}7)$$

式中，第二項為直接由控制方程式經過加權積分得到，第三項可以進一步表示為：

$$\left(w\frac{du}{dx}\right)\bigg|_0^1 = w\frac{du}{dx}\bigg|_{x=1} - w\frac{du}{dx}\bigg|_{x=0} \qquad (2\text{-}8)$$

由於是一維的問題，（2-8）式為計算在邊界兩端點的表示式。同時，也可以看出計算在邊界上的型態為 $\dfrac{du}{dx}$。（2-7）式稱為加權殘差式的弱滿足式（weak formulation），因為同樣用來求解問題，近似解在（2-7）式只需要滿足一次微分即可，滿足的條件較弱故稱之。簡單的說，（2-7）式為一次降階表示式。

（2-7）式也用在有限元素法模式的建立上，但是就使用邊界元素法而言，由於希望（2-7）式第一積分項仍為整個領域的積分，在邊界方法中希望僅包含邊界的積分處理，因此（2-7）式需要進一步處理。在思考上面，一次的降階可以將所求解變數的微分階次降低一次，雖然引進邊界上的條件，再一次降階則會呈現所求解變數本身。（2-7）式第一項進一步降階可表示為：

$$\int_0^1 \left(\frac{du}{dx} \cdot \frac{dw}{dx} \right) dx = \int_0^1 \frac{d}{dx} \left(u \cdot \frac{dw}{dx} \right) dx - \int_0^1 \frac{d}{dx} \left(u \cdot \frac{d^2 w}{dx^2} \right) dx$$

$$= \left. \left(\frac{dw}{dx} \cdot u \right) \right|_0^1 - \int_0^1 \left(u \cdot \frac{d^2 w}{dx^2} \right) dx \qquad (2\text{-}9)$$

（2-9）式代入（2-7）式可得到：

$$\int_0^1 \left(u \cdot \frac{d^2 w}{dx^2} \right) dx + \int_0^1 (\lambda u - b) w dx + \left. w \frac{du}{dx} \right|_0^1 - \left. \frac{dw}{dx} u \right|_0^1 = 0 \qquad (2\text{-}10)$$

　　檢視（2-10）式可以看出第一項仍然是領域的積分，但是由於 w 是選擇使用的加權函數，似乎可以讓第一項的積分式子不出現。第二項也是領域的積分，不過，如果控制方程式沒有這兩種項的形式就沒有這樣的積分項。在實際問題中，若有這項的積分則可以直接積分或者使用近似的方法積分，並不影響主要的二次微分項的處理。另外，（2-10）式中第三和第四項出現的為邊界條件。需要留意到的，地一次降階引進來的邊界條件為（$\frac{du}{dx}$）形式，而第二次降階則引進 u 的邊界條件形式。

　　在思考上和做法上，由（2-10）式可將邊界條件代入，然後反向兩次部份積分，則可以得到加權殘差的通式（general expression）表示如下：

$$\int_0^1 \underbrace{\left(\frac{d^2 u}{dx^2} + \lambda u - b \right)}_{R} \cdot w dx - \underbrace{(q - \overline{q}) \cdot w|_{x=1}}_{R_2} - \underbrace{(u - \overline{u}) \cdot \left. \frac{dw}{dx} \right|_{x=0}}_{R_1} = 0 \qquad (2\text{-}11)$$

式中，$q = du/dx$。一般定義領域殘差 $R = \nabla^2 u - b$，邊界殘差 $R_1 = u - \overline{u}$ 以及 $R_2 = q - \overline{q}$。留意到，邊界殘差式 $R_1 = u - \overline{u}$ 的加權函數為 $\frac{dw}{dx}$，而 $R_2 = q - \overline{q}$ 的加權函數為 w，理論上，邊界條件的加權函數有稱為

Lagrange multiplier。

　　儘管（2-11）式包括控制方程式以及兩種邊界上誤差函數的加權表示式，應該是最完整的加權表示式。但是實際上使用起來，這個式子仍然需要使用兩次部份積分的降階過程，而最後得到的表示式，也可以證明和最原始的加權表示式（2-5）式兩次降階的式子相同。另外在開始使用時，（2-11）式的加權殘差通式需要記憶起來，也造成使用上的不方便。因此，在務實作法上，仍然都由基本的加權殘差式（2-5）式開始著手，然後依續降階得到需要使用的計算式子。另外在邊界元素法中，$u = \bar{u}$ 稱為必要條件（essential condition），$q = \bar{q}$ 則稱為自然條件（natural condition）。

【註】

部份積分作法：

$$由於 \frac{d}{dx}\left(\frac{du}{dx} \cdot w\right) = \frac{d^2u}{dx^2}w + \frac{du}{dx}\frac{dw}{dx} \tag{2-12}$$

$$所以 \frac{d^2u}{dx^2}w = \frac{d}{dx}\left(\frac{du}{dx} \cdot w\right) + \frac{du}{dx}\frac{dw}{dx} \tag{2-13}$$

$$\int_0^1 \frac{d^2w}{dx^2} \cdot w\,dx = \int_0^1 \frac{d}{dx}\left(\frac{du}{dx} \cdot w\right)dx - \int_0^1 \left(\frac{du}{dx}\frac{dw}{dx}\right)dx \tag{2-14}$$

$$而 \int_0^1 \frac{d}{dx}\left(\frac{du}{dx} \cdot w\right)dx = \left(\frac{du}{dx} \cdot w\right)\Bigg|_{x=0}^{x=1}$$

$$= \frac{du}{dx} \cdot w\Big|_{x=1} - \frac{du}{dx} \cdot w\Big|_{x=0} \tag{2-15}$$

2.2 一維問題邊界方法求解

以下為以一維問題作例子說明邊界方法的概念。考慮控制方程式為：

$$\frac{d^2u}{dx^2} + \lambda u - b(x) = 0 \quad , \quad 0 \le x \le 1 \tag{2-16}$$

邊界條件為：

$$u = 0, \quad x = 0 \quad \& \quad x = 1 \tag{2-17}$$

利用邊界方法求解這個問題，由前述說明需要得到降階兩次的加權殘差式，在作法上可以由一般加權殘差式或是由加權殘差通式開始。一般作法上，考慮不需要記憶作出發點，由一般加權殘差式開始比較簡單。由前述兩次降階的加權殘差式可得到為：

$$\int_0^1 u \cdot \frac{d^2w}{dx^2}\,dx + \int_0^1 (\lambda u - b)w\,dx + \left(w\frac{du}{dx}\right)\Big|_0^1 - \left(\frac{dw}{dx}u\right)\Big|_0^1 = 0 \tag{2-18}$$

為簡化問題起見，考慮 $\lambda = 0$ ， $b = -x$ ，則（2-18）式成為：

$$\int_0^1 u \cdot \frac{d^2w}{dx^2}\,dx + \int_0^1 xw\,dx + \left(w\frac{du}{dx}\right)\Big|_0^1 - \left(\frac{dw}{dx}u\right)\Big|_0^1 = 0 \tag{2-19}$$

以（2-19）來看，問題的求解為要求得 u ，至於加權函數 w 則為因應求解問題需要選定的。就邊界方法而言，建立求解方法的概念，就是要讓（2-19）式不含有領域內的計算式，即有領域積分式的項需要處理成為僅與邊界有關的表示式。

以下分別說明邊界方法中的三種作法：(1) homogeneous approach 或 Trefftz method, (2) singular approach, (3) Green's function 作法。

【方法一】：Homogeneous approach or Trefftz method

　　這個方法的作法，就是直接令（2-19）式中的第一項領域積分項中含有的加權函數表示式為零，即：

$$\frac{d^2 w}{dx^2} = 0 \tag{2-20}$$

由（2-20）式可知，（2-19）式中的第一項領域積分項為零，（2-19）式可以寫為：

$$\int_0^1 xw\,dx + \left(w\frac{du}{dx}\right)\Big|_0^1 - \left(\frac{dw}{dx}u\right)\Big|_0^1 = 0 \tag{2-21}$$

另由（2-20）式積分兩次得到加權函數表示式，即：

$$\frac{dw}{dx} = a_1 \quad , \quad w = a_1 x + a_2 \tag{2-22}$$

式中，a_1 , a_2 為積分常數。接著，利用（2-22）式代入（2-21）式，同時展開邊界計算項，可得：

$$\int_0^1 x\cdot\left(a_1 x + a_2\right)dx + \left(a_1 + a_2\right)q_1 - a_2 q_0 = 0 \tag{2-23}$$

式中，令 $q_0 = \dfrac{du}{dx}\Big|_{x=0}$ ， $q_1 = \dfrac{du}{dx}\Big|_{x=1}$ 。（2-23）式經過積分後，分別整理與 a_1 , a_2 有關的項，可得：

$$\left(\frac{1}{3} + q_1\right)a_1 + \left(\frac{1}{2} + q_1 - q_0\right)a_2 = 0 \tag{2-24}$$

（2-24）式中，由於加權函數表示式的係數不得為零，因此括弧中的表示式為零，即：

$$\frac{1}{3} + q_1 = 0 \tag{2-25}$$

$$\frac{1}{2} + q_1 - q_0 = 0 \tag{2-26}$$

由（2-25）（2-26）式即可求得：

$$q_0 = \frac{1}{6} \ , \ q_1 = -\frac{1}{3} \tag{2-27}$$

至此求解告一個段落，這個方法再也沒有其他計算式可以計算問題中的函數值。綜合上面作法可知，Trefftz method 首先利用來求得加權函數表示式，最後計算得到邊界上未知的函數值。在此，邊界條件為已知 $u_0 = 0$，$u_1 = 0$，而最後求得 q_0，q_1。另一方面需要留意的，這個方法並沒辦法求得領域內的函數值，這在實際應用上面有所限制。但是，如果所求解問題只需要求得邊界上面的函數值，則這個方法相當簡便。例如，求解水面波浪問題，如果我們只希望求解水面邊界上面的水位變化，則這個方法可以利用來求解問題。

【方法二】：Singular approach

這個方法的作法，為令（2-19）式中的第一項領域積分項中含有的加權函數表示式為負的 Delta function，即：

$$\frac{d^2 w}{dx^2} = -\Delta\left(x^i\right) = -\Delta^i \tag{2-28}$$

式中，Dirac Delta function 的定義和特性為滿足以下關係式：

$$\int_{-\infty}^{\infty} \Delta^i \, dx = 1 \tag{2-29}$$

$$\int_{-\infty}^{\infty} f(x) \cdot \Delta^i \cdot dx = f\left(x^i\right) = f^i \tag{2-30}$$

至於（2-28）式中 Delta function 取負號，則主要為後續式子整理，希望相同項的符號相同之故，這在後面會在註明。

滿足（2-28）的解可以表示為：

$$\frac{dw}{dx} = \begin{cases} 1, x < x^i \\ 0, x > x^i \end{cases} \tag{2-31}$$

$$w = \begin{cases} x, x < x^i \\ x^i, x > x^i \end{cases} \tag{2-32}$$

（2-28）式、（2-31）式、（2-32）式以圖形畫出則如圖 2-1 所示。

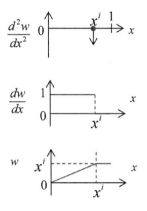

圖 2-1　基本解之函數圖形

利用（2-28）式之表示式代入（2-19）式可得：

$$-\int_0^1 u \cdot \Delta^i dx + \int_0^1 x \cdot w dx + (wq)\Big|_0^1 - (\frac{dw}{dx}u)\Big|_0^1 = 0 \tag{2-33}$$

由所求解問題邊界條件 $u(0) = 0$，$u(1) = 0$ ，另由（2-32）式 $w(0) = 0$，$w(1) = x^i$，則（2-33）式成為：

$$-u(x^i) + \int_0^{x^i} x \cdot x dx + \int_{x^i}^1 x \cdot x^i dx + x^i q_1 = 0 \tag{2-34}$$

（2-34）式經積分後，可得：

$$-u\left(x^i\right)+\frac{(x^i)^3}{3}+\frac{x^i}{2}-\frac{(x^i)^3}{2}+x^i q_1=0 \qquad (2\text{-}35)$$

（2-35）式整理後可寫為：

$$-u\left(x^i\right)-\frac{(x^i)^3}{6}+\frac{x^i}{2}+x^i q_1=0\,,\,0\le x^i\le 1 \qquad (2\text{-}36)$$

檢視（2-36）式可知此式無法直接求解未知的函數。但（2-36）式若計算 x^i 在邊界上，則可藉由邊界條件提供求解未知數所需要的方程式。由（2-36）式計算在 $x^i=0,\ u_0=0$,得到 $0=0$ ，不提供任何表示式。由（2-36）式計算在 $x^i=1,\ u_1=0$ ，得到：

$$-u\left(x_I\right)-\frac{1}{6}+\frac{1}{2}+q_1=0,\ q_1=-\frac{1}{3} \qquad (2\text{-}37)$$

則（2-36）式可以寫為：

$$u\left(x^i\right)=-\frac{(x^i)^3}{6}+\frac{x^i}{2}+x^i\left(-\frac{1}{3}\right)=\frac{1}{6}((\text{-}x^i)^3+x^i) \qquad (2\text{-}38)$$

由（2-38）式可看出，只要給定 x^i 值，即可求出 $u\left(x^i\right)$。另一方面，（2-38）式亦可對 x^i 微分求 $\dfrac{du\left(x^i\right)}{dx^i}$ 值。

　　綜合來看方法二，不但可以求得邊界上的未知函數，而且可以計算領域裡面的函數值和函數微分值。但是需要知道的，所定義的（2-28）式需要能夠求得解。

【方法三】：Green's function

在方法二中，若 w 表示式可以表示為：

$$w = \begin{cases} (1-x^i)x, & x \leq x^i \\ (1-x)x^i, & x > x^i \end{cases} \tag{2-39}$$

則（2-39）式除了已經滿足（2-28）式，也同時滿足 $w(0)=0$，$w(1)=0$，表示也同時滿足所求解問題的邊界條件。（2-39）式稱為 Green's function。經過兩次降階的加權殘差式，（2-19）式，可以簡化為：

$$-u(x^i) + \int_0^1 x \cdot w\, dx = 0 \tag{2-40}$$

（2-40）式可以直接計算 $u(x^i)$，或者微分 $\dfrac{du(x^i)}{dx^i}$ 計算微分值。

以上為一維邊界方法例子的說明，需要留意到的，在求解過程中用到的（2-28）式微分式以及（2-39）式的解。在上述的說明均為直接引用，實際理論的求解值得確實了解。上述一維問題的三種邊界方法，Trefftz 方法僅能夠求得邊界上的未知函數值，領域裡面的函數值則無法求得；Green's function 方法則對於一般的問題要求解得到這樣的函數不是很容易，因此也僅限於有辦法求得的問題作應用。基於此，則方法二的 singular 方法比較實用，後續則發展成為邊界元素法。

2.3　一維邊界方法基本解

Dirac delta function 定義為：（http://en.wikipedia.org/wiki/Dirac_delta_function）

$$\delta(x-0) = \begin{cases} +\infty, & x = 0 \\ 0, & x \neq 0 \end{cases} \tag{2-41}$$

以及滿足

$$\int_{-\infty}^{\infty} \delta(x)dx = 1 \tag{2-42}$$

在數學使用上則寫為：

$$\int u(x) \cdot \delta(x - x^i)dx = u(x^i) \tag{2-43}$$

Heaviside function H 定義為：（http://en.wikipedia.org/wiki/Heaviside_function）

$$H(x) = \begin{cases} 0, x < 0 \\ 1, x > 0 \end{cases} \tag{2-44}$$

$$\frac{dH(x)}{dx} = \delta(0) \tag{2-45}$$

Heaviside function 類似階梯函數（step function），以圖形呈現則為圖 2-2。

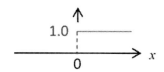

圖 2-2　Heaviside function 定義圖

基本解（Fundamental solution）

（http://en.wikipedia.org/wiki/Fundamental_solution）

$$求解 \frac{d^2w}{dx^2} = \delta(x) \tag{2-46}$$

由於 $\frac{dH}{dx} = \delta(x)$，因此，積分一次得到：

$$\frac{dw}{dx} = \int \frac{dH(x)}{dx} dx = H(x) + C_1$$

(2-47)

令 $C_1 = --\frac{1}{2}$，（2-47）式再積分一次得到：

$$w(x) = xH(x) - \frac{1}{2}x + C_2$$

(2-48)

利用 Heaviside function 定義，且令 $C_2 = 0$，則得：

$$
w(x) = \begin{cases} -\dfrac{1}{2}x \ , \ x < 0 \\[2mm] \dfrac{1}{2}x \ , \ x > 0 \end{cases}
$$

(2-49)

$$= \frac{1}{2}|x|$$

若 Delta 函數定義在 x^i，$\dfrac{d^2w}{dx^2} = \delta(x - x^i)$，則基本解寫為：

$$w(x) = \frac{1}{2}|x - x^i|$$

(2-50)

2.4 Green's function 的求解

【Green's function 的求解之方法一】：以下求解為仿照參考網頁的例子。給定問題為：

$$\frac{d^2w}{dx^2} = -\Delta(x^i) \ , \quad 0 \le x \le 1 \ ; \ 且 \ w(0) = w(1) = 0$$

(2-51)

當 $x \ne x^i$，微分式寫成 $\dfrac{d^2w}{dx^2} = 0$，積分一次得 $\dfrac{dw}{dx} = C_1$，再積分一次得 $w = C_1 x + C_2$。由於 x^i 介於兩端點（ $0 \le x^i \le 1$），如圖 2-3 所示。

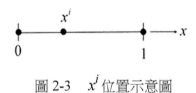

圖 2-3　x^i 位置示意圖

當 $x < x^i$，使用 $x = 0$，$w(0) = 0$,得到 $C_2 = 0$，即 $w = C_1 x$。當 $x > x^i$，使用 $x = 1$，$w(1) = 0$，得到 $C_1 + C_2 = 0$，得 $C_1 = -C_2$，即 $w = -C_2 x + C_2$。接著利用 $x = x^i$ 的條件決定 C_1 和 C_2。

(1) $C_1 x^i = -C_2 x^i + C_2$ ，

$$x^i C_1 + (x^i - 1)C_2 = 0 \tag{2-52}$$

(2) $\left. \dfrac{dw}{dx} \right|_-^+ = -1$ ，即 $\left. \dfrac{dw}{dx} \right|_{x^{i+}} - \left. \dfrac{dw}{dx} \right|_{x^{i-}} = \dfrac{\mathrm{d}}{\mathrm{d}x}(-C_2 x + C_2) - \dfrac{\mathrm{d}}{\mathrm{d}x}(C_1 x)$ ，得到：

$$C_1 + C_2 = 1 \tag{2-53}$$

由（2-52）式和（2-53）式解 C_1 和 C_2，得到 $C_1 = 1 - x^i$，$C_2 = x^i$。因此，

$$w(x, x^i) = \begin{cases} (1 - x^i)x, & x < x^i \\ (1 - x)x^i, & x > x^i \end{cases} \tag{2-54}$$

【Green's function 的求解之方法二】：（http://en.wikipedia.org/wiki/Green's_function）

給定問題為：

$$u'' + u = f(x)，\quad 0 \le x \le \pi / 2，以及\quad u(0) = 0, \, u\left(\dfrac{\pi}{2}\right) = 0 \tag{2-55}$$

假設所求解 Green's function 為 $g(x, x^i)$，即滿足：

$$g''(x, x^i) + g(x, x^i) = \delta(x - x^i)，且\, g(0) = 0, \, g\left(\dfrac{\pi}{2}\right) = 0 \tag{2-56}$$

若 $x \neq x^i$，則 $g'' + g = 0$，其通解為：

$$g(x) = C_1 \cos(x) + C_2 \sin(x) \tag{2-57}$$

$0 \leq x^i \leq \pi/2$，如圖 2-4 所示。

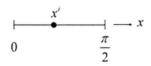

圖 2-4　$0 \leq x^i \leq \pi/2$ 示意圖

(1) 當 $x < x^i$，$x = 0$ 的邊界條件隱含 $g(0, x^i) = C_1 \cdot (1) + C_2 \cdot (0) = 0$，可求得 $C_1 = 0$。此時，因為 $x < x^i$ 因此 $x = \pi/20$ 的邊界條件用不到。即：

$$g(x, x^i) = C_2 \sin(x)，\quad x < x^i \tag{2-58}$$

(2) 當 $x > x^i$，由 $x = \pi/2$ 的邊界條件可得 $g(\pi/2, x^i) = C_1 \cdot (0) + C_2 \cdot (1) = 0$，求得 $C_2 = 0$，即：

$$g(x, x^i) = C_1 \cos(x)，\quad x > x^i \tag{2-59}$$

由上，Green's function 的形式為：

$$g(x, x^i) = \begin{cases} C_2 \sin(x)，\ x < x^i \\ C_1 \cos(x)，\ x > x^i \end{cases} \tag{2-60}$$

接著決定 C_1 和 C_2。需要利用 $g(x, x^i)$ 函數的連續性以及滿足 Delta 函數定義 $\int_{-\infty}^{\infty} \Delta^i dx = 1$ 來求解。

(1) 利用 $g(x,x^i)$ 在 $x = x^i$ 的連續性，可得：

$$C_1 \cos(x^i) - C_2 \sin(x^i) = 0 \qquad (2\text{-}61)$$

(2) 利用 Green 函數的定義，在 $x^i - \varepsilon < x < x^i + \varepsilon$ 積分，且令 $\varepsilon \to 0$，
可得：

$$\int_{x^i-\varepsilon}^{x^i+\varepsilon} g''(x,x^i)dx + \int_{x^i-\varepsilon}^{x^i+\varepsilon} g(x,x^i)dx = \int_{x^i-\varepsilon}^{x^i+\varepsilon} \delta(x-x^i)dx \qquad (2\text{-}62)$$

（2-62）式等號左邊第一項直接積分，第二項則視函數在該點的值為
常數直接計算。等號右邊則依據 Delta 函數積分，結果成為：

$$g'(x^i+\varepsilon,x^i) - g'(x^i-\varepsilon,x^i) + g(x^i+\varepsilon,x^i) - g(x^i-\varepsilon,x^i) = 1 \qquad (2\text{-}63)$$

利用（2-60）式代入（2-63）式，且 $\varepsilon \to 0$ 可得：

$$-C_2 \sin(x^i) - C_1 \cos(x^i) = 1 \qquad (2\text{-}64)$$

由（2-61）式和（2-64）兩式可解得 $C_2 = -\cos(x^i)$，$C_1 = -\sin(x^i)$。因此，
Green's function 的解得到為：

$$g(x,x^i) = \begin{cases} -\sin(x)\cos(x^i), & x < x^i \\ -\cos(x)\sin(x^i), & x > x^i \end{cases} \qquad (2\text{-}65)$$

【註】方法二求得的基本解（fundamental solution）w 在符號上也寫為
$u^*(x,x^i)$。表示 Delta 函數為定義在 $x = x^i$ 的基本解。

第三章　二維問題的邊界積分法

本章大綱

3.1　二維問題加權殘差式

3.2　二維問題邊界積分式

3.3　二維 Laplace 方程式基本解

3.4　邊界積分式彙整

3.1　二維問題加權殘差式

　　二維問題邊界方法為一維問題作法的延伸，這樣的說法也顯示對一維問題例子的說明需要了解的重要性。在一維問題中已經建議由一般性的加權殘差法著手，本節二維問題則先由一般性的加權殘差式開始介紹。

　　在此二維邊界值問題，考慮簡單的 Laplace equation，表示為：

$$\nabla^2 u = 0 \quad \text{in} \quad \Omega \tag{3-1}$$

$$u = \bar{u} \quad \text{on} \quad \Gamma_1 \tag{3-2}$$

$$q = \bar{q} \quad \text{on} \quad \Gamma_2 \tag{3-3}$$

式中，Ω 為領域；Γ_1 和 Γ_2 分別為必要和自然邊界。$q = \dfrac{\partial u}{\partial n}$，$\vec{n}$ 為邊界的法線方向。在此所考慮問題為以橢圓型態的偏微分方程式作說明，而且不包括一次微分項、不微分項、以及齊性方程式的最簡單型式，目的在於清楚說明邊界方法計算式的推導過程。另外邊界條件（3-2）式和（3-3）式亦為一般給定的型態，問題中也可以給定為混合型態。

至於邊界條件型式為何可以表示這樣的形式，則可由後續推導過程了解。

　　對二維問題的作法由加權殘差的一般式著手，即領域的殘差函數 R 直接乘上加權函數 w，然後對求解領域 Ω 積分，寫為：

$$\int_{\Omega} R \cdot w d\Omega = 0 \tag{3-4}$$

（3-4）式代入控制方程式（3-1）式，則表示為：

$$\int_{\Omega} \left(\nabla^2 u\right) w d\Omega = 0 \tag{3-5}$$

（3-5）式經過一次部分積分降階寫為：

$$-\int_{\Omega} \nabla u \cdot \nabla w d\Omega + \int_{\Gamma} q w d\Gamma = 0 \tag{3-6}$$

再對（3-6）式第一積分項作一次降階，寫為：

$$-\int_{\Omega} \nabla u \cdot \nabla w d\Omega = \int_{\Omega} u \nabla^2 w d\Omega - \int_{\Gamma} u \frac{\partial w}{\partial n} d\Gamma \tag{3-7}$$

（3-7）式代回（3-6）式可得：

$$\int_{\Omega} u\left(\nabla^2 w\right) d\Omega + \int_{\Gamma} q w d\Gamma - \int_{\Gamma} u \frac{\partial w}{\partial n} d\Gamma = 0 \tag{3-8}$$

（3-8）式即為二為問題控制方程式為 Laplace 方程式加權殘差式經過兩次降階後的表示式。

　　若對應一維問題的作法，則會問到二維問題的加權殘差式通式為何？即同時考慮領域殘差 R，以及兩種邊界的殘差 R_1 和 R_2 的加權殘差表示式。得到二維問題加權殘差法通式，在作法上仍然可以由（3-8）式反向降階，即降階對加權函數的微分，著手。（3-8）式的一項積分式兩次降階可寫出為：

$$\int_{\Omega} u\left(\nabla^2 w\right) d\Omega = \int_{\Omega} \nabla \cdot (u\nabla w) d\Omega - \int_{\Omega} \nabla u \cdot (\nabla w) d\Omega$$

$$= \int_{\Gamma} \left(u\frac{\partial w}{\partial n} \right) d\Gamma - \int_{\Omega} \nabla u \cdot (\nabla w) d\Omega$$

$$= \int_{\Gamma} \left(u\frac{\partial w}{\partial n} \right) d\Gamma - \int_{\Omega} \nabla \cdot (w\nabla u) d\Omega + \int_{\Omega} \nabla^2 u \cdot (w) d\Omega$$

$$= \int_{\Gamma} \left(u\frac{\partial w}{\partial n} \right) d\Gamma - \int_{\Gamma} \left(w\frac{\partial u}{\partial n} \right) d\Gamma + \int_{\Omega} \nabla^2 u \cdot (w) d\Omega$$

(3-9)

（3-8）式中，第二和第三邊界積分項的邊界分成必要邊界 Γ_1 和自然邊界 Γ_2，分別代入邊界條件 $u = \bar{u}$ 和 $q = \bar{q}$，成為：

$$\int_{\Gamma} qw d\Gamma - \int_{\Gamma} u\frac{\partial w}{\partial n} d\Gamma$$

$$= \int_{\Gamma_1} qw d\Gamma + \int_{\Gamma_2} \bar{q}w d\Gamma - \int_{\Gamma_1} \bar{u}\frac{\partial w}{\partial n} d\Gamma - \int_{\Gamma_2} u\frac{\partial w}{\partial n} d\Gamma$$

(3-10)

（3-9）式和（3-10）式代回（3-8）式則可得：

$$\int_{\Omega} (\nabla^2 u)w d\Omega + \int_{\Gamma_1} \left((u - \bar{u})\frac{\partial w}{\partial n} \right) d\Gamma - \int_{\Gamma_2} (q - \bar{q})w d\Gamma = 0$$

(3-11)

由（3-11）式可看出，控制方程式 $\nabla^2 u = 0$ 的加權函數為 w；必要邊界條件 $u = \bar{u}$ 的加權函數為 $\dfrac{\partial w}{\partial n}$；而自然邊界條件 $q = \bar{q}$ 的加權函數則為 $-w$。由（3-11）的結果也可以說，若要得到加權殘差式的通式，可以由兩次降階後的加權殘差式代入對應邊界的邊界條件，然後兩次反向降階則可以得到。

另外，由加權殘差的通式（3-11）式經過兩次降階也可以得到邊界積分法需要的表示式（3-8）式。由加權殘差通式（3-11）式第一個積分項對所求解的 u 函數作一次降階：

$$\int_{\Omega} (\nabla^2 u)w d\Omega = \int_{\Omega} [\nabla \cdot (w \cdot \nabla u) - \nabla u \cdot \nabla w] d\Omega$$

$$= -\int_{\Omega} \nabla u \cdot \nabla w d\Omega + \int_{\Gamma} qw d\Gamma$$

(3-12)

（3-12）式代入（3-11）式得：

$$-\int_{\Omega} \nabla u \cdot \nabla w d\Omega + \int_{\Gamma} q \cdot w d\Gamma + \int_{\Gamma_1} (u - \bar{u}) \frac{\partial w}{\partial n} d\Gamma = 0 \qquad (3-13)$$

對（3-13）式第一積分項再作一次降階，表示為：

$$-\int_{\Omega} \nabla u \cdot \nabla w d\Omega = -\int_{\Omega} \left[\nabla \cdot (u \nabla w) - u \nabla^2 w \right] d\Omega$$
$$= \int_{\Omega} u \nabla^2 w d\Omega - \int_{\Gamma} u \frac{\partial w}{\partial n} d\Gamma \qquad (3-14)$$

（3-14）式代入（3-13）式可得：

$$\int_{\Omega} u \left(\nabla^2 w \right) d\Omega + \int_{\Gamma} q w d\Gamma - \int_{\Gamma} u \frac{\partial w}{\partial n} d\Gamma = 0 \qquad (3-15)$$

（3-15）式與（3-8）式為完全相同。在實際使用上，由加權殘差一般
式著手可以避免記憶通式表示式，因此也和一維問題相同，建議由加
權殘差一般式著手。

3.2　二維問題邊界積分式

對於（3-15）式第一項的領域積分式，定義如下：

$$\nabla^2 w = -\Delta^i \qquad (3-16)$$

（3-16）式可以用來求解加權函數 w 。由（3-16）式的定義，（3-15）
式可以改寫為：

$$-u^i - \int_{\Gamma} u \frac{\partial w}{\partial n} d\Gamma + \int_{\Gamma} q w d\Gamma = 0 \qquad (3-17)$$

在此需要留意到的，由（3-15）式的領域積分項，$\int_{\Omega} u \nabla^2 w d\Omega$，可知 w
應為 $\vec{x}$ 的函數，現在又加上（3-16）式的定義，即加權函數可以表示

為 $w(\vec{x}, \vec{x}^i)$，表示 w 為領域內 $\vec{x}$ 位置以及 Delta 函數定義的位置 $\vec{x}^i$ 的函數。對於（3-16）式的解在邊界元素法中稱為基本解（fundamental solution），同時在符號上使用 $u^*(\vec{x}, \vec{x}^i)$ 代替 $w(\vec{x}, \vec{x}^i)$，以及 $q^*(\vec{x}, \vec{x}^i) = \dfrac{\partial u^*(\vec{x}, \vec{x}^i)}{\partial n((\vec{x})}$。則（3-17）式表示成：

$$-u^i - \int_\Gamma u q^* d\Gamma + \int_\Gamma q u^* d\Gamma = 0 \tag{3-18}$$

（3-18）式中，由於基本解以及基本解微分將成為已知函數，因此在寫法上表示為：

$$-u^i - \int_\Gamma q^* \cdot u d\Gamma + \int_\Gamma u^* \cdot q d\Gamma = 0 \tag{3-19}$$

【註】

1. （3-19）式在後續的處理上將朝向整理為：

$$u^i + \int_\Gamma q^* \cdot u d\Gamma = \int_\Gamma u^* \cdot q d\Gamma \; , \; x^i \in \Omega \tag{3-20}$$

等號左邊為 u 的表示式，而等號右邊為 q 的表示式，進而整理為：

$$H \cdot u = G \cdot q \tag{3-21}$$

其中 H 和 G 為已知的係數。

2. 若控制方程式（3-1）式等號右邊為 b 不為零，則控制方程式為 Poisson 方程式，則加權殘差式中將含有領域積分式：

$$\int_\Omega b \cdot w d\Omega \tag{3-22}$$

這項領域積分就邊界方法而言也需要處理為邊界積分，處理的概念為令：

$$\nabla \cdot \vec{b}^* = b \cdot w \qquad (3\text{-}23)$$

則（3-22）式可以表示為如下邊界積分式：

$$\int_\Omega b \cdot w d\Omega = \int_\Omega \nabla \cdot \vec{b}^* d\Omega = \int_\Gamma \vec{b}^* \cdot \vec{n} d\Gamma \qquad (3\text{-}24)$$

3.3　二維 Laplace 方程式基本解

由（3-16）式，求基本解的微分方程式可寫為：

$$\nabla^2 u^* = -\Delta^i \qquad (3\text{-}25)$$

求解（3-25）式可以仿照一維問題的求解方法。（3-25）式以極坐標(r, θ)表示，且由於 Delta 函數的特性θ方向為對稱型態，Laplace 表示式可寫為：

$$\nabla^2 u^* = \frac{1}{r} \frac{\partial}{\partial r} \left(r \frac{\partial u^*}{\partial r} \right) \qquad (3\text{-}26)$$

若考慮$\vec{x} \neq \vec{x}^i$，則（3-25）式等號右邊等於零，利用（3-26）式，可求得解為：

$$u^* = c \cdot lnr + D \qquad (3\text{-}27)$$

式中，由於在此為求得滿足微分方程式的解，因此可令$D = 0$，則基本解成為：

$$u^* = c \cdot lnr \qquad (3\text{-}28)$$

（3-28）式中的未定係數c可接下去利用 Delta 函數的特性求解。由（3-25）式對求解的領域積分，可得：

$$\int_\Omega \nabla^2 u^* d\Omega = \int_\Omega -\Delta^i d\Omega = -1 \qquad (3\text{-}29)$$

另外考慮在 Delta 定義的位置 x^i 圈出半徑 ε $(\varepsilon \to 0)$ 的圓作積分，如圖 3-1 所示：

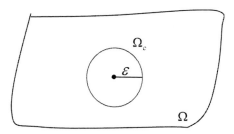

圖 3-1　對 Delta 函數定一位置取半徑 ε 的圓作積分

則（3-29）式原積分式 $\int_\Omega \nabla^2 u^* d\Omega$ 改寫成 $\lim\limits_{\varepsilon \to 0} \int_{\Omega_\varepsilon} \nabla^2 u^* d\Omega$。接著利用 Divergence 定理，將領域面積分轉為邊界積分，成為：

$$\int_{\Omega_\varepsilon} \nabla^2 u^* d\Omega = \int_{\Omega_\varepsilon} \nabla \cdot (\nabla u^*) d\Omega = \int_{\Gamma_\varepsilon} \nabla u^* \cdot \vec{n} d\Gamma = \int_{\Gamma_\varepsilon} \frac{\partial u^*}{\partial n} d\Gamma \tag{3-30}$$

若定義 $\vec{n}$ 為由圓心往外垂直於圓周，即 $\vec{n}$ 在半徑的方向上，（3-30）式可繼續表示為：

$$\int_{\Gamma_\varepsilon} \frac{\partial u^*}{\partial n} d\Gamma = \int_{\Gamma_\varepsilon} \frac{\partial u^*}{\partial r} d\Gamma \tag{3-31}$$

因此對半徑 ε $(\varepsilon \to 0)$ 的圓作積分（3-30）式結果成為：

$$\lim_{\varepsilon \to 0} \int_{\Gamma_\varepsilon} \frac{\partial u^*}{\partial r} d\Gamma = \lim_{\varepsilon \to 0} \int_{\Gamma_\varepsilon} \frac{\partial}{\partial r} (c \cdot lnr) d\Gamma = \lim_{\varepsilon \to 0} \int_{\Gamma_\varepsilon} \frac{c}{r} d\Gamma \tag{3-32}$$

另由於圓的半徑趨近於零，因此可將積分內的函數值視為常數提出積分外，而對圓周的積分，半徑 $r = \varepsilon$ ，圓周長度為 $2\pi\varepsilon$ 。基於此，（3-32）式成為：

$$\lim_{\varepsilon \to 0} \int_{\Gamma_\varepsilon} \frac{c}{r} d\Gamma = \lim_{\varepsilon \to 0} (\frac{c}{\varepsilon} \cdot 2\pi\varepsilon) = 2\pi c \tag{3-33}$$

由（3-29）式和（3-33）式則可得：

$$c = -\frac{1}{2\pi} \tag{3-34}$$

則（3-28）式的基本解可寫為：

$$u^* = -\frac{1}{2\pi}\ln r = \frac{1}{2\pi}\ln\frac{1}{r} \tag{3-35}$$

基本解（3-35）式可以證明滿足基本解的定義。將（3-35）式代入（3-29）式，然後對 x^i 位置取半徑為 ε 的圓積分。

$$\int_{\Omega_\varepsilon}\nabla^2 u^* d\Omega = \int_{\Omega_\varepsilon}\nabla\cdot\left(\nabla u^*\right)d\Omega = \int_{\Gamma_\varepsilon}\frac{\partial u^*}{\partial n}d\Gamma = \int_{\Gamma_\varepsilon}\frac{\partial u^*}{\partial r}d\Gamma$$
$$= \left(-\frac{1}{2\pi}\frac{1}{\varepsilon}\right)\left(2\pi\varepsilon\right) = -1 \tag{3-36}$$

至此，二維 Laplace 方程式之基本解求法告一個段落。

在此需要留意到的，基本解（3-35）式明確的說，為在二維座標 $\vec{x}$ 定義的領域內，在 $\vec{x}^i$ 定義 Delta 函數得到的解，即 $u^*(\vec{x},\vec{x}^i)$，表示由於 $\vec{x}^i$ 位置的 Delta 函數產生在 $\vec{x}$ 位置的函數值。（3-35）式等號右邊 $r(\vec{x},\vec{x}^i)$ 代表 $\vec{x}^i$ 到 $\vec{x}$ 的距離，其向量表示式為：

$$\vec{r} = \vec{x} - \vec{x}^i \tag{3-37}$$

如圖 3-2 所示，距離則為：

$$r = \left|\vec{x} - \vec{x}^i\right|$$
$$= \left[\left(x - x^i\right)^2 + \left(y - y^i\right)^2\right]^{1/2} \tag{3-38}$$

（3-38）式中，座標的表示方法係基於表示式簡便起見，因此，$\vec{x}$ 和 (x, y) 混在一起使用。

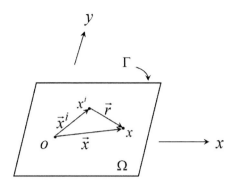

圖 3-2　Delta 函數定義位置 $\vec{x}^{\,i}$ 和平面位置 $\vec{x}$ 定義圖

【註】

對於（3-25）式的基本解，有些作法寫為：

$$u^* = ln\frac{1}{r} \tag{3-39}$$

相較於（3-35）式，可以看出基本解的常數 $\frac{1}{2\pi}$ 省略了。如果是這樣則

要留意到計算式子的改變。將（3-39）式代入（3-29）式，則：

$$\int_{\Omega_\varepsilon} \nabla^2 u^* d\Omega = \int_{\Omega_\varepsilon} \nabla \cdot \left(\nabla u^*\right) d\Omega = \int_{\Gamma_\varepsilon} \frac{\partial u^*}{\partial n} d\Gamma = \int_{\Gamma_\varepsilon} \frac{\partial u^*}{\partial r} d\Gamma$$

$$= \left(-\frac{1}{\varepsilon}\right)(2\pi\varepsilon) = -2\pi \tag{3-40}$$

即邊界積分式成為：

$$-(2\pi)u^i - \int_\Gamma q^* u d\Gamma + \int_\Gamma u^* q d\Gamma = 0 \ , \ x^i \in \Omega \tag{3-41}$$

留意到，邊界積分式（3-41）式對應於使用基本解（3-39）式；而邊

界積分式（3-19）式則對應於基本解（3-25）式。

　　仿照一維問題計算例子，定義 Delta 函數求得基本解後，接下來為把 x^i 計算在邊界上，然後利用邊界條件建立方程式求解邊界上的未知函數。在此二維問題，則把 x^i 移到邊界 Γ 上，如圖 3-3 所示。邊界積分式討論的情形與 x^i 在領域中的方法相同，取一個半徑為 ε 的圓將 x^i 圈起來。只不過此時一部分的圓在領域內，一部分則在領域外面。

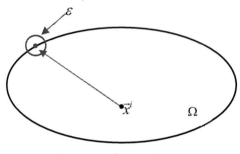

圖 3-3　x^i 設定邊界上

若將 x^i 在邊界上的位置放大，則邊界上的情形可以分成兩種情形：一種為平滑邊界（smooth boundary），如圖 3-4 所示，此時，在領域內的圓剛好為半圓。另一種為具有轉角的邊界，如圖 3-5 所示，此時，在領域內的圓則為角度 α 的圓。

圖 3-4　平滑邊界

圖 3-5　轉角邊界

　　若為平滑邊界，由圖 3-4 可看出在領域裡面為半圓，則積分式的處理仿照前述 x^i 在領域裡面的作法，

$$\int_{\Omega_\varepsilon} \nabla^2 u^* d\Omega = \int_{\Omega_\varepsilon} \nabla \cdot (\nabla u^*) d\Omega = \int_{\Gamma_\varepsilon} \frac{\partial u^*}{\partial n} d\Gamma = \int_{\Gamma_\varepsilon} \frac{\partial u^*}{\partial r} d\Gamma$$
$$= \left(-\frac{1}{2\pi} \frac{1}{\varepsilon} \right) (\pi\varepsilon) = -\frac{1}{2}$$

(3-42)

若為轉角的邊界，則相同於平滑邊界的作法，積分式成為：

$$\int_{\Omega_\varepsilon} \nabla^2 u^* d\Omega = \int_{\Omega_\varepsilon} \nabla \cdot (\nabla u^*) d\Omega = \int_{\Gamma_\varepsilon} \frac{\partial u^*}{\partial n} d\Gamma = \int_{\Gamma_\varepsilon} \frac{\partial u^*}{\partial r} d\Gamma$$
$$= \left(-\frac{1}{2\pi} \frac{1}{\varepsilon} \right) \left(\frac{\alpha}{2\pi} 2\pi\varepsilon \right) = -\frac{\alpha}{2\pi}$$

(3-43)

由上，平滑邊界的邊界積分式成為：

$$-\frac{1}{2} u^i - \int_\Gamma q^* \cdot u d\Gamma + \int_\Gamma u^* \cdot q d\Gamma = 0$$

(3-44)

轉角邊界的邊界積分式為：

$$-\frac{\alpha}{2\pi} u^i - \int_\Gamma q^* \cdot u d\Gamma + \int_\Gamma u^* \cdot q d\Gamma = 0$$

(3-45)

在邊界元素法中，對於具有轉角邊界的問題會利用另外的方法處理，後續會有說明，在此則先以平滑邊界作說明。

　　另外，若基本解採用（3-39）式，則 x^i 移到邊界的積分式寫為：

$$-(\pi) u^i - \int_\Gamma q^* u d\Gamma + \int_\Gamma u^* q d\Gamma = 0 \quad , \quad x^i \in \Omega$$

(3-46)

3.4 邊界積分式彙整

對於二維問題控制方程式為 Laplace 方程式的問題，邊界積分式的求得為先由加權殘差式著手，然後兩次部份積分降階，如（3-8）式。

$$\int_\Omega u(\nabla^2 w)d\Omega + \int_\Gamma qwd\Gamma - \int_\Gamma u\frac{\partial w}{\partial n}d\Gamma = 0 \tag{3-8}$$

接著為定義基本解，如（3-16）式。

$$\nabla^2 w = -\Delta^i \tag{3-16}$$

求得基本解、對應的邊界積分式、以及 x^i 移到邊界的積分式，則如（3-35）式、（3-19）式、（3-44）式：

$$u^* = \frac{1}{2\pi}\ln\frac{1}{r} \tag{3-35}$$

$$-u^i - \int_\Gamma q^* \cdot ud\Gamma + \int_\Gamma u^* \cdot qd\Gamma = 0 \tag{3-19}$$

$$-\frac{1}{2}u^i - \int_\Gamma q^* \cdot ud\Gamma + \int_\Gamma u^* \cdot qd\Gamma = 0 \tag{3-44}$$

或者，基本解、對應的邊界積分式、以及 x^i 移到邊界的積分式，如（3-39）式、（3-41）式、（3-46）式：

$$u^* = ln\frac{1}{r} \tag{3-39}$$

$$-(2\pi)u^i - \int_\Gamma q^* ud\Gamma + \int_\Gamma u^* qd\Gamma = 0, \quad x^i \in \Omega \tag{3-41}$$

$$-(\pi)u^i - \int_\Gamma q^* ud\Gamma + \int_\Gamma u^* qd\Gamma = 0, \quad x^i \in \Omega \tag{3-46}$$

將 x^i 移到邊界，仿照一維問題，接下來則為運用邊界條件求解。

在此二維問題，邊界可能為任意曲線，由（3-44）式或（3-46）式可知需要對邊界進行積分。而這個邊界積分可能無法直接進行，在邊界元素法的作法則為對邊界"定義元素"然後進行處理。接下來兩章則分別對常數元素（constant element）和線性元素（linear element）分別說明計算方法。

邊界元素法精確上手

第四章　二維常數元素

4.1　常數元素求解矩陣式

　　對於二維問題控制方程式為 Laplace 方程式的問題，求得基本解、對應的邊界積分式、以及 x^i 移到邊界的積分式，可表示為：

$$u^* = \frac{1}{2\pi} \ln \frac{1}{r} \tag{4-1}$$

$$-u^i - \int_\Gamma q^* \cdot u d\Gamma + \int_\Gamma u^* \cdot q d\Gamma = 0 \tag{4-2}$$

$$-\frac{1}{2}u^i - \int_\Gamma q^* \cdot u d\Gamma + \int_\Gamma u^* \cdot q d\Gamma = 0 \tag{4-3}$$

　　一般二維問題大都為任意形態的領域，如圖 4-1 所示，Ω 為領域、邊界 $\Gamma = \Gamma_1 + \Gamma_2$，$\Gamma_1$ 為必要邊界；Γ_2 為自然邊界。

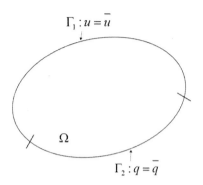

圖 4-1　任意形態領域二維問題

　　邊界積分式（4-3）式應用來計算圖 4-1 任意形態領域的問題，則需要對邊界進行積分。而為了讓邊界的積分可行，最簡單的就是對邊界進行分段，而每段前後兩點連接，如圖 4-2 所示，由圖可看出，分段之後形成的領域邊界和實際的曲線邊界顯然有差別，這在使用元素的方法來說就是幾何上的誤差（geometrical error）。避免這種幾何上的誤差唯一的作法就是增加元素的個數去近似曲線形態，而這也是所謂的收斂（convergence）的概念。

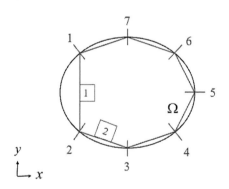

圖 4-2　邊界分段連接成數值領域

　　有了元素的概念後，則邊界積分式（4-3）式中的積分式，成為對每個元素積分，然後累加起來。可以改寫為：

$$\int_{\Gamma} q^* u d\Gamma = \sum_{j} \int_{\Gamma_j} q^* u d\Gamma \tag{4-4}$$

$$\int_{\Gamma} u^* q d\Gamma = \sum_{j} \int_{\Gamma_j} u^* q d\Gamma \tag{4-5}$$

式中，Γ_j 為第 j 個元素。邊界積分式（4-3）式改寫為：

$$-\frac{1}{2}u^i - \sum_{j} \int_{\Gamma_j} q^* u d\Gamma + \sum_{j} \int_{\Gamma_j} u^* q d\Gamma = 0 \tag{4-6}$$

　　在分段的元素上，還需要設定函數在元素上的函數型態，假設未知函數的分佈函數。最簡單的情形為常數（constant），接著進階為線性函數（linear）、二次函數（quadratic），等。在此先以常數元數作說明。若視 u，q 函數在元素 Γ_j 上為常數（constant），在方法上稱為常數元素（constant element），同時，會將函數 u_j 和 q_j 用元素中間點位置的值作代表，如圖 4-3 所示。

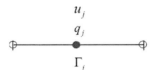

圖 4-3　常數元素的函數位置

若使用常數元素，函數在元素上為常數，則邊界積分式（4-6）式可以改寫為：

$$-\frac{1}{2}u^i - \sum_{j} \int_{\Gamma_j} q^* d\Gamma \cdot u_j + \sum_{j} \int_{\Gamma_j} u^* d\Gamma \cdot q_j = 0 \tag{4-7}$$

很明顯的，（4-7）式中，由於元素的函數值為常數因此提到積分式的外面。在使用上，我們可以定義：

$$\hat{H}_{ij} = \int_{\Gamma_j} q^* d\Gamma \tag{4-8}$$

$$G_{ij} = \int_{\Gamma_j} u^* d\Gamma \qquad (4\text{-}9)$$

在此需要留意到，（4-8）式和（4-9）式中，由於表示式和基本解 u^* 或 q^* 有關，即函數和 x^i 位置以及 Γ_j 元素有關，因此才有下標 ij 出現。邊界積分式進一步簡化為

$$-\frac{1}{2}u^i - \sum_{j}^{N} \hat{H}_{ij} \cdot u_j + \sum_{j}^{N} G_{ij} \cdot q_j = 0 \qquad (4\text{-}10)$$

（4-10）式的第二項和的三項都為 $\sum_{j=1}^{N}$ ，即為對所有的 N 個元素計算。

這樣的說法也隱含對邊界所決定的元素都需要給元素的號碼，如圖 4-2 所示，同時，為方便元素的積分，也需要定義元素前後兩個節點的位置。在計算上，定義出元素的所有節點（node）也都給予號碼。同時，相對於給定的座標系統，讀入各節點的座標。

有了（4-10）式常數元素邊界積分計算式，則仿照一維問題的作法，可以將 x^i 位置計算在各個元素上，然後引進邊界條件作進一步計算。需要留意的，此時為使用常數元素，因此，各個元素的函數值 u_j, q_j 和位置 x_j 都在元素的中點，如圖 4-4 所示。

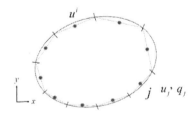

圖 4-4　常數元素和對應的函數值位置

將 x^i 位置計算在所有 N 個元素上，$i = 1,2,...,N$ ，則由（4-10）式可得矩陣式為：

$$[H]\{u\} = [G]\{q\} \qquad (4\text{-}11)$$

或展開為矩陣寫為：

$$
\begin{bmatrix} & & \\ & H & \\ & & \end{bmatrix}_{N \times N}
\begin{Bmatrix} u_1 \\ u_2 \\ u_3 \\ \vdots \\ u_N \end{Bmatrix}_{N \times 1}
=
\begin{bmatrix} & & \\ & G & \\ & & \end{bmatrix}_{N \times N}
\begin{Bmatrix} q_1 \\ q_2 \\ q_3 \\ \vdots \\ q_N \end{Bmatrix}_{N \times 1}
\tag{4-12}
$$

其中，

$$
H_{ij} = \begin{cases} \hat{H}_{ij} + \dfrac{1}{2}, & i = j \\[2mm] \hat{H}_{ij}, & i \neq j \end{cases}
\tag{4-13}
$$

留意到，x^i 位置的 u^i 即為 u_i 值；而當 $i = j$ 時，（4-10）式第一項和第二項的係數合併在一起。

以三個元素 N=3 作說明，由（4-10）式可得：

$i = 1$

$$
-\frac{1}{2}u^1 - (\hat{H}_{11}u_1 + \hat{H}_{12}u_2 + \hat{H}_{13}u_3) + (G_{11}q_1 + G_{12}q_2 + G_{13}q_3) = 0
\tag{4-14a}
$$

$i = 2$

$$
-\frac{1}{2}u^2 - (\hat{H}_{21}u_1 + \hat{H}_{22}u_2 + \hat{H}_{23}u_3) + (G_{21}q_1 + G_{22}q_2 + G_{23}q_3) = 0
\tag{4-14b}
$$

$i = 3$

$$
-\frac{1}{2}u^3 - (\hat{H}_{31}u_1 + \hat{H}_{32}u_2 + \hat{H}_{33}u_3) + (G_{31}q_1 + G_{32}q_2 + G_{33}q_3) = 0
\tag{4-14c}
$$

（4-14）式可以整理為：

$$
[H]_{3 \times 3} \{u\}_{3 \times 1} = [G]_{3 \times 3} \{q\}_{3 \times 1}
\tag{4-15}
$$

其中：

$$H_{11} = \hat{H}_{11} + \frac{1}{2}, \ H_{22} = \hat{H}_{22} + \frac{1}{2}, \ H_{33} = \hat{H}_{33} + \frac{1}{2} \qquad (4\text{-}16a)$$

$$\begin{aligned} H_{12} &= \hat{H}_{12}, \ H_{13} = \hat{H}_{13} \\ H_{21} &= \hat{H}_{21}, \ H_{23} = \hat{H}_{23} \\ H_{31} &= \hat{H}_{31}, \ H_{32} = \hat{H}_{32} \end{aligned} \qquad (4\text{-}16b)$$

矩陣式則可寫為：

$$\left[\ H_{ij} \ \right]_{3\times3} \begin{Bmatrix} u_1 \\ u_2 \\ u_3 \end{Bmatrix}_{3\times1} = \left[\ G_{ij} \ \right]_{3\times3} \begin{Bmatrix} q_1 \\ q_2 \\ q_3 \end{Bmatrix}_{3\times1} \qquad (4\text{-}17)$$

　　至此，利用邊界元素法使用常數元素求解 Laplace 方程式，已經將所求解問題轉變成為矩陣式（4-11）式。接下來則為代入邊界條件，給定 $u = \bar{u}$ 或者 $q = \bar{q}$、或者 u 和 q 的組合，然後計算邊界上未知的函數值。

4.2　領域內部點

　　前一節使用常數元素可以計算求得邊界上未知的函數值，意即邊界上的函數值皆為已知。則可以計算領域內部的函數值或其微分值。由（4-2）式可得：

$$u^i = -\int_\Gamma q^* \cdot u\,d\Gamma + \int_\Gamma u^* \cdot q\,d\Gamma \qquad (4\text{-}18)$$

使用元素的概念，則（4-18）式成為：

$$u^i = -\sum_j^N \hat{H}_{ij} \cdot u_j + \sum_j^N G_{ij} \cdot q_j \qquad (4\text{-}19)$$

式中，

$$\hat{H}_{ij} = \int_{\Gamma_j} q^* d\Gamma \tag{4-20a}$$

$$G_{ij} = \int_{\Gamma_j} u^* d\Gamma \tag{4-20b}$$

這時需要留意的，由於是計算內部點，意即 $x^i \in \Omega$ 在領域裡面，而相對應的計算到邊界上面的元素，因此沒有 x^i 在 j 元素上的情形。另一方面，如果需要計算內部點的函數微分值，由（4-19）式也可以看出，等號左邊為 u^i，因此微分也需要對 x^i 進行微分，這點需要特別留意。

4.3　常數元素計算式

有了前面一節說明的邊界元素矩陣式，代入邊界條件就可以求解邊界上的未知函數，或進一步計算領域內的函數值。但是在實際的計算上，我們仍然需要有實際計算要用到的表示式。

由前面的定義，使用的基本解表示為：

$$u^* = \frac{1}{2\pi} \ln \frac{1}{r} \tag{4-21}$$

其中，由基本解定義位置 $\bar{x}^i$ 到領域任意位置 $\bar{x}$ 的距離為：

$$r = \left| \bar{x} - \bar{x}^i \right| \tag{4-22}$$

或利用座標表出為：

$$r = \left| \bar{x} - \bar{x}^i \right| = \left[\left(x_1 - x_1^i \right)^2 + \left(x_2 - x_2^i \right)^2 \right]^{1/2} \tag{4-23}$$

式中，我們要瞭解到在用法上，位置向量 $\bar{x}$、座標 (x_1, x_2) 和 (x, y) 為了表示式更清楚表達，三者意思都是相同的。

再來需要計算基本解法線方向的微分，表示式為：

$$q^* = \frac{\partial u^*}{\partial n}$$
$$= \nabla u^* \cdot \vec{n} \tag{4-24}$$
$$= \left(\frac{\partial u^*}{\partial x} \vec{i} + \frac{\partial u^*}{\partial y} \vec{j} \right) \cdot \left(n_x \vec{i} + n_y \vec{j} \right)$$

其中，基本解對 (x, y) 座標的微分，以及法線方向的分量 (n_x, n_y) 需要計算。在這裡需要特別留意的，由於在基本解中引進了 $\bar{x}^i$ 座標，因此有出現微分的表示式都需要釐清微分的對象。(4-24) 式中基本解法線方向的微分，表示式出現在一開始的加權殘差過程，為對領域邊界 $\bar{x}$ 座標的微分。當然隨著出現的法線方向當然指的是領域邊界的法線方向。基本解對座標 (x, y) 的微分可以寫出為：

$$\frac{\partial u^*}{\partial x_1} = \frac{\partial}{\partial x_1} \left(\frac{1}{2\pi} ln \frac{1}{r} \right)$$
$$= \left(-\frac{1}{2\pi} \right) \left(\frac{1}{r} \right) \frac{\partial r}{\partial x_1} \tag{4-25a}$$
$$= \left(-\frac{1}{2\pi} \right) \left(\frac{1}{r} \right) \left(\frac{1}{2} \right) \left(\frac{1}{r} \right) \cdot 2 \left(x_1 - x_1^i \right)$$
$$= \left(\frac{-1}{2\pi r} \right) \left(\frac{x_1 - x_1^i}{r} \right)$$

同樣的過程，也可得：

$$\frac{\partial u^*}{\partial x_2} = \left(\frac{-1}{2\pi r} \right) \left(\frac{x_2 - x_2^i}{r} \right) \tag{4-25b}$$

接著，計算法線方向的分量 n_x，n_y。對所考慮的 j 元素，如圖 4-5 所示。前後兩個節點的座標分別為 ① (x_1, y_1) 和 ② (x_2, y_2)，由於元素節點號碼的順序在此採用逆時針方向，意即領域在左手邊方向，若採用離開領域方向定義正的法線方向，則如圖 4-5 所示。另外，x 軸向右 y 軸向上為正。

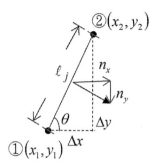

圖 4-5　所考慮的 j 元素的法線方向分量

利用圖 4-5 的定義，則可寫出表示式：

$$\Delta x = x_2 - x_1 \ ; \ \ \Delta y = y_2 - y_1 \tag{4-26}$$

由元素的方位角度可寫出法線分量關係式為：

$$n_x = \sin\theta = \frac{\Delta y}{\ell_j} \tag{4-27a}$$

$$n_y = -\cos\theta = -\frac{\Delta x}{\ell_j} \tag{4-27b}$$

其中，元素的長度為：

$$\ell_j = \left[\left(x_2 - x_1\right)^2 + \left(y_2 - y_1\right)^2 \right]^{\frac{1}{2}} \tag{4-28}$$

接著計算矩陣係數 $\hat{H}_{ij}$ 和 G_{ij}。由前面敘述的定義表示為：

$$\hat{H}_{ij} = \int_{\Gamma_j} q^* d\Gamma \tag{4-29}$$

$$G_{ij} = \int_{\Gamma_j} u^* d\Gamma \tag{4-30}$$

由於（4-29）式和（4-30）式關係到基本解定義 Delta 函數 x^i 的位置以及所計算 j 元素，因此在計算上需要分別考慮 x^i 在 j 元素上$(i = j)$，以及 x^i 不在 j 元素上$(i \neq j)$ 的情形分別說明。

(1) $\underline{x^i \; 在 \Gamma_j \; 元素上}$：由於 x^i 在 j 元素上$(i = j)$，j 元素就是 i 元素，如圖 $\overline{4\text{-}6}$ 所示。r 的定義為由 x^i 位置(元素中點)指向元素上其他位置，因此為由中點指向元素兩端。而法線方向則由中點垂直於元素指向右邊。基於此，

$$\hat{H}_{ij} = \int_{\Gamma_j} q^* d\Gamma$$
$$= 2\int_0^{\ell_j/2} \frac{\partial u^*}{\partial n} dr = 0 \tag{4-31}$$

而由於（4-31）式中 u^* 的變化和法線方向垂直，因此積分結果為零。

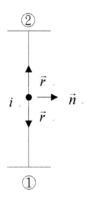

圖 4-6　x^i 在 Γ_j 元素上

另一方面，按照圖 4-6 的定義計算 G_{ij}。而在元素上可以定義元素座標，如圖 4-7 所示。元素長度 ℓ_j 定義自然座標 $-1 \leq \varsigma \leq +1$。按照座標轉換可得：

$$\ell = 0 \;,\; \varsigma = \text{-1}, \; \ell = \ell_j \;,\; \varsigma = +1 \tag{4-32}$$

$$\ell = \frac{1+\varsigma}{2}\ell_j \quad , \quad d\ell = \frac{\ell_j}{2}d\varsigma \tag{4-33}$$

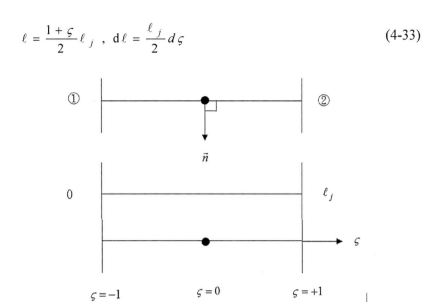

圖 4-7　積分元素座標轉換

則由定義 G_{ij} 表示式可以改寫為：

$$
\begin{aligned}
G^{ij} &= \int_{\Gamma_j} u^* d\Gamma \\
&= \frac{1}{2\pi}\int_0^{\ell_j} ln\frac{1}{r}d\ell \\
&= \frac{2}{2\pi}\int_0^1 ln\frac{1}{\varsigma\cdot\ell_j/2}\cdot\frac{\ell_j}{2}d\varsigma \\
&== \frac{\ell_j}{2\pi}\left(1-ln\frac{\ell_j}{2}\right)
\end{aligned}
\tag{4-32}
$$

(2) $\underline{x^i\text{不在} j \text{元素上}(i\neq j)}$

　　如圖 4-8 所示，x^i 所在元素和 j 元素不同。矩陣係數 $\hat{H}_{ij}$ 和 G_{ij} 的計算顯然沒辦法直接積分，而需要訴諸於數值積分計算。在邊界元素法中，數值積分一般使用高斯基分法（Gauss-quadrature integration）http://en.wikipedia.org/wiki/Gaussian_quadrature。其積分標準式可以寫為：

$$\int_{-1}^{+1} f(\xi)d\xi = \sum_{k=1}^{N_k} w_k \cdot f(\xi_k) \qquad (4\text{-}33)$$

式中，w_k 為加權因子（weighting factor），ξ_k 為高斯積分點，N_k 則為所選高斯積分點數。此三者相對應的數值可以查表得到。積分點數 1~4 點則如表 4-1 所示。以理論來說，常數函數積分使用 1 點、線性函數積分使用 2 點、二次函數積分使用 3 點均可得理論解。在 Brebbia 書中計算例則使用 4 點高斯積分計算。

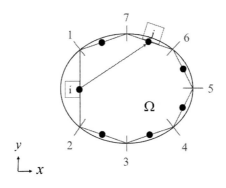

圖 4-8　x^i 不在 Γ_j 元素上

表 4-1 高斯積分點數_積分點_加權因子三者對應數值

積分點數	積分點	加權因子
1	0	2
2	$\pm 1/\sqrt{3}$	1
3	0	$\dfrac{8}{9}$
	$\pm\sqrt{3/5}$	$\dfrac{5}{9}$
4	$\pm\sqrt{\left(3-2\sqrt{6/5}\right)/7}$	$\dfrac{18+\sqrt{30}}{36}$
	$\pm\sqrt{\left(3+2\sqrt{6/5}\right)/7}$	$\dfrac{18-\sqrt{30}}{36}$

使用高斯積分法則可得：

$$\begin{aligned}
\hat{H}_{ij} &= \int_{\Gamma_j} q^* d\Gamma \\
&= \frac{\ell_j}{2}\int_{-1}^{+1} q^*\left(x^i;\xi\right)d\xi = \sum_{k=1}^{N_k} w_k \cdot q^*\left(x^i;\xi_k\right)
\end{aligned} \tag{4-44}$$

$$\begin{aligned}
G_{ij} &= \int_{\Gamma_j} u^* d\Gamma \\
&= \frac{\ell_j}{2}\int_{-1}^{+1} u^*\left(x^i;\xi\right)d\xi = \sum_{k=1}^{N_k} w_k \cdot u^*\left(x^i;\xi_k\right)
\end{aligned} \tag{4-45}$$

若代入基本解，則（4-44）式和（4-45）式可表示為：

$$G_{ij} = \frac{1}{2\pi}\sum_{k=1}^{4} ln\left(\frac{1}{r_k}\right) w_k \cdot \left(\frac{\ell_j}{2}\right) \tag{4-46}$$

$$\hat{H}_{ij} = \frac{1}{2\pi}\sum_{k=1}^{4} -\frac{1}{r_k}\left(r_{,x}n_1 + r_{,y}n_2\right)\cdot w_k \cdot \left(\frac{\ell_j}{2}\right) \tag{4-47}$$

其中，r_k 為 x^i 到高斯積分點 ξ_k 的距離，ℓ_j 為 j 元素的長度；

$$r_{,x} = \frac{x_k - x^i}{r_k} \quad , \quad r_{,y} = \frac{y_k - y^i}{r_k} \tag{4-48}$$

$$n_1 = (y_2 - y_1)/\ell_j \quad , \quad n_2 = -(x_2 - x_1)/\ell_j \tag{4-49}$$

留意到，（4-44）式~（4-47）式的計算為針對元素上的座標處理。

4.4 內部點計算式

同樣的，內部點領域內函數的計算仍然需要實際的計算式，內部點計算概念如圖 4-9 所示。由於 x^i 在領域內部，因此其位置和邊界的元素沒有重合的機會，在計算上無法直接積分，因此也訴諸於數值積分。

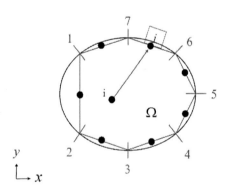

圖 4-9　內部點函數的計算

內部點的計算式如（4-19）式，

$$u^i = -\sum_j^N \hat{H}_{ij} \cdot u_j + \sum_j^N G_{ij} \cdot q_j \tag{4-19}$$

式中，

$$\hat{H}_{ij} = \int_{\Gamma_j} q^* d\Gamma \tag{4-20a}$$

$$G_{ij} = \int_{\Gamma_j} u^* d\Gamma \tag{4-20b}$$

使用高斯積分法計算表示式與前述 x^i 不在 j 元素上的計算方法相同，這裡直接引述。

$$G_{ij} = \frac{1}{2\pi} \sum_{k=1}^{4} ln\left(\frac{1}{r_k}\right) w_k \cdot \left(\frac{\ell_j}{2}\right) \tag{4-46}$$

$$\hat{H}_{ij} = \frac{1}{2\pi} \sum_{k=1}^{4} -\frac{1}{r_k}\left(r_{,x} n_1 + r_{,y} n_2\right) \cdot w_k \cdot \left(\frac{\ell_j}{2}\right) \tag{4-47}$$

另外，領域內的函數微分值亦可算出。留意到 $u^i \equiv u\left(x^i, y^i\right)$，因此計算微分為對 i 點微分。由（4-19）式代入（4-20）式，可寫出為：

$$u^i = -\sum_{j}^{N} \int_{\Gamma_j} q^* d\Gamma \cdot u_j + \sum_{j}^{N} \int_{\Gamma_j} u^* d\Gamma \cdot q_j \tag{4-50}$$

另方面，積分式中也僅有 u^* 和 q^* 與 $\bar{x}^i$ 有關，因此微分也針對此兩者處理，即：

$$\left(\frac{\partial u}{\partial x}\right)^i = -\sum_{j=1}^{N} \int_{\Gamma_j} \left(\frac{\partial q^*}{\partial x}\right)^i d\Gamma \cdot u_j + \sum_{j=1}^{N} \int_{\Gamma_j} \left(\frac{\partial u^*}{\partial x}\right)^i d\Gamma \cdot q_j \tag{4-51a}$$

$$\left(\frac{\partial u}{\partial y}\right)^i = -\sum_{j=1}^{N} \int_{\Gamma_j} \left(\frac{\partial q^*}{\partial y}\right)^i d\Gamma \cdot u_j + \sum_{j=1}^{N} \int_{\Gamma_j} \left(\frac{\partial u^*}{\partial y}\right)^i d\Gamma \cdot q_j \tag{4-51b}$$

對基本解微分結果可寫出為：

$$\left(\frac{\partial u^*}{\partial x_k}\right) = \frac{1}{2\pi r} r_{,k} \tag{4-52a}$$

其中，

$$r = \left[\left(x_1 - x_1^i\right)^2 + \left(x_2 - x_2^i\right)^2\right]^{1/2} \tag{4-52b}$$

$$r_{,k} = \frac{\partial r}{\partial x_k} \tag{4-52c}$$

留意到，

$$\left(\frac{\partial r}{\partial x_k}\right)^i = -r_{,k} \tag{4-52d}$$

另外，

$$\left(\frac{\partial q^*}{\partial x_1}\right)^i = -\frac{1}{2\pi r^2}\left[\left(2r_{,1}^2 - 1\right)n_1 + 2r_{,1}r_{,2}n_2\right] \tag{4-53a}$$

$$\left(\frac{\partial q^*}{\partial x_2}\right)^i = -\frac{1}{2\pi r^2}\left[\left(2r_{,2}^2 - 1\right)n_2 + 2r_{,1}r_{,2}n_1\right] \tag{4-53b}$$

至此，計算所需要的表示式已經俱全。留意到，元素積分也是使用到高斯積分法。

$$\int_{\Gamma_j} \frac{\partial u^*}{\partial x^i} d\Gamma = \sum_{k=1}^{4} \frac{1}{2\pi r_k} r_{,x} \cdot w_k \cdot \left(\frac{\ell_j}{2}\right) \tag{4-54a}$$

$$\int_{\Gamma_j} \frac{\partial u^*}{\partial y^i} d\Gamma = \sum_{k=1}^{4} \frac{1}{2\pi r_k} r_{,y} \cdot w_k \cdot \left(\frac{\ell_j}{2}\right) \tag{4-54b}$$

$$\int_{\Gamma_j} \frac{\partial q^*}{\partial x^i} d\Gamma = \sum_{k=1}^{4} \frac{1}{2\pi r_k^2}\left[\left(2r_{,x}^2 - 1\right)n_1 + 2r_{,x}r_{,y}n_2\right] \cdot w_k \cdot \left(\frac{\ell_j}{2}\right) \tag{4-55}$$

$$\int_{\Gamma_j}\frac{\partial q^*}{\partial y^i}d\Gamma = \sum_{k=1}^{4}\frac{-1}{2\pi r_k^2}\left[\left(2r_{,y}^2-1\right)n_2+2r_{,x}r_{,y}n_1\right]\cdot w_k\cdot\left(\frac{\ell_j}{2}\right) \tag{4-56}$$

而計算內部點也需要使用所有邊界上的函數值，包括給定的邊界條件，以及求解出來的邊界函數值。

4.5　測試問題

對於二維 Laplace 方程式問題，使用邊界元素法常數元數求解，計算過程可以整理綜合如下：

求解的矩陣式可以寫為：

$$[H]\{u\}=[G]\{q\} \tag{4-11}$$

其中，

$$H_{ij}=\begin{cases}\hat{H}_{ij}+\dfrac{1}{2}, & i=j\\[2mm]\hat{H}_{ij}, & i\neq j\end{cases} \tag{4-13}$$

$$\hat{H}_{ij}=\int_{\Gamma_j}q^*d\Gamma \tag{4-8}$$

$$G_{ij}=\int_{\Gamma_j}u^*d\Gamma \tag{4-9}$$

所使用基本解為：

$$u^*=\frac{1}{2\pi}\ln\frac{1}{r} \tag{4-1}$$

$$q^*=\frac{\partial u^*}{\partial n} \tag{4-24}$$

由彙整的簡要計算式可以知道，邊界元素法理論式的推導，最後都將控制方程式轉變為矩陣式，然後利用邊界條件求解。對於使用者來說，應用邊界元素法來計算問題，就是由（4-11）的矩陣式開始著手。而最開始的加權殘差式可能都已經略去不提了。在計算的問題中，如果再有計算內部點，則再利用邊界上的函數值，使用需要用到的式子做進一步計算。

　　利用建立起來的邊界元素法常數元素計算式，可以測試正確性。在這裡考慮問題，也是大多數數值方法拿來測試的問題，如圖 4-10 所示。控制方程式為：

$$\nabla^2 u(x, y) = 0, \ 0 \le x \le 6; \ 0 \le y \le 6 \tag{4-57}$$

邊界條件為：

$$u = 300, \ x = 0; \ u = 0, \ x = 6 \tag{4-58}$$

$$q = 0, \ y = 0; \ y = 6 \tag{4-59}$$

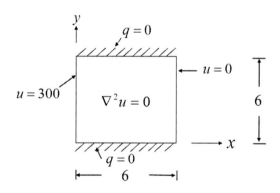

圖 4-10　二維 Laplace 測試問題示意圖

（4-57）式~（4-59）式所描述的問題可以視為理想流通過上下平行板之流場計算，兩側數值邊界給予是流速勢函數值。對於這個問題的解可以先利用勢函數(u)和流速(v)之關係計算得到流速。

$$v_x = \frac{\partial u}{\partial x}$$

(4-60)

$$= \frac{0-300}{6-0} = -50$$

若先不去看單位，計算出來的流速應為-50。

　　利用邊界元素法常數元素，選用邊界元素如圖 4-11 所示，共 12 個元素。

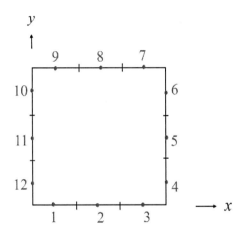

圖 4-11　二維 Laplace 測試常數元素分佈

需要留意的，設定座標系統後，選定各邊界上的元素，在此為逆時針方向給元素和節點號碼。問題給定的邊界條件配合各元素則如圖 4-12 所示。

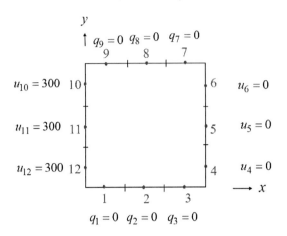

圖 4-12　二維 Laplace 計算問題邊界條件

使用 Matlab 程式語言撰寫程式，計算出來的結果為：

$$u_1 = 252.2491, \quad u_2 = 150.0186, \quad u_3 = 47.7503, \quad q_4 = -52.9616,$$

$$q_5 = -48.7710, \quad q_6 = -52.9616, \quad u_7 = 47.7503, \quad u_8 = 150.0186,$$

$$u_9 = 252.2491, \quad q_{10} = 52.9694, \quad q_{11} = 48.7369, \quad q_{12} = 52.9694 \text{ 。}$$

將計算出來的結果顯示在各邊界元素上，如圖 4-13 所示。

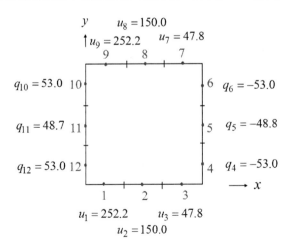

圖 4-13　二維 Laplace 問題邊界元素法計算結果

由圖 4-13 結果顯示，勢函數由左到右變化為 300、252.3、150、47.8、0；q 值（表示流速）由上到下，則為-53、-48.8、-53。需要留意的，元素 4~6 法線方向在+x 軸方向，而元素 10~12 法線方向則在-x 方向，因此元素 10~12 的流速實際上應該也是-53、-48.8、-53。另外，在此問題僅為測試，若元素取多些，則計算得到的流速將會趨近-50，而流速勢函數值由左至右則將為 300、250、150、50、0 的線性變化。

　　以下也將二維 Laplace 邊界元素法，使用常數元素的 Matlab 程式碼，計算 12 個元素，列出提供學習者參考。不過，需要聲明的，程式碼寫法本身還有很多可以改善的地方，也讓讀者自行調整。

二維 Laplace 邊界元素法常數元素 Matlab 程式：

```
clear all
%Brebbia test problem
%建立元素兩端座標(xa,ya)
xa=zeros(1,12);

ya=zeros(1,12);

for i=1:12

if i<=3 xa(i)=2*(i-1);ya(i)=0;

elseif i>=4 & i<=6 xa(i)=6;ya(i)=2*(i-3-1);

elseif i>=7 & i<=9 xa(i)=2*(-i+9+1);ya(i)=6;

else xa(i)=0;ya(i)=2*(-i+12+1);

end

end;

xa(13)=xa(1);ya(13)=ya(1);
```

```
%定節點作為元素位置(xb,yb)
for i=1:12
        xb(i)=(xa(i)+xa(i+1))/2;
        yb(i)=(ya(i)+ya(i+1))/2;
end;
%定出元素長度 L
for i=1:12
    L(i)=2;
end
%一個元素取四個高斯積分點
m=[-((525+70*(30)^0.5)^0.5)/35 -((525-70*(30)^0.5)^0.5)/35 ((525-
70*(30)^0.5)^0.5)/35 ((525+70*(30)^0.5)^0.5)/35];
W=[(18-(30)^0.5)/36 (18+(30)^0.5)/36 (18+(30)^0.5)/36 (18-
(30)^0.5)/36];
for i=1:12
    q(1,4*i-4+1:4*i)=1:4;
    mx(1,4*i-4+1:4*i)=xa(i);
    my(1,4*i-4+1:4*i)=ya(i);
end
%定出所有積分點
for i=1:4*12
    if i<=4*3
        xc(i)=mx(i)+((m(q(i))+1).*2)./(2);
```

```
                yc(i)=0;
        elseif i<=4*6 & i>=4*3+1
                xc(i)=6;
                yc(i)=my(i)+((m(q(i))+1).*2)./(2);
        elseif i<=4*9 & i>=4*6+1
                xc(i)=mx(i)-((m(q(i))+1).*2)./(2);
                yc(i)=6;
        else
                xc(i)=0;
                yc(i)=my(i)-((m(q(i))+1).*2)./(2);
        end
end
%定出 H 及 G 矩陣
for i=1:2*(6)
        for j=1:2*(6)
                for k=4*j-4+1:4*j

h(q(k),1)=0.5*(-1/(2*pi))*(1./((xc(k)-xb(i)).^2+(yc(k)-
yb(i)).^2))*((xc(k)-xb(i)).*((ya(j+1)-ya(j)))-(yc(k)-yb(i)).*(xa(j+1)-
xa(j)));
o(q(k),1)=(L(j)/2)*(1/(2*pi))*log(1/((xc(k)-xb(i))^2+(yc(k)-
yb(i))^2)^0.5);

                end
```

```
            H(i,j)=W*h;

            G(i,j)=W*o;

        end

end

for i=1:2*(6)

    for j=1:2*(6)

        if i==j

                H(i,j)=0.5;

                G(i,j)=(L(i)/2)*(1/pi)*(1-log(L(i)/2));

        end

    end

end

%T,S 新矩陣為帶入邊界條件後新矩陣

T(:,1:3)=H(:,1:3);T(:,4:6)=-G(:,4:6);

T(:,7:9)=H(:,7:9);T(:,10:12)=-G(:,10:12);

S(:,1:3)=G(:,1:3);S(:,4:6)=-H(:,4:6);

S(:,7:9)=G(:,7:9);S(:,10:12)=-H(:,10:12);

Q(1:9,1)=0;Q(10:12,1)=300;

X=T^-1*S*Q;

u1=X(1);

u2=X(2);

u3=X(3);
```

q4=X(4);

q5=X(5);

q6=X(6);

u7=X(7);

u8=X(8);

u9=X(9);

q10=X(10);

q11=X(11);

q12=X(12);

在總結二維 Laplace 邊界元素法常數元素之前，我們還是需要對常數元素，相較於線性或者更高次元素，作一個評論。

(a) 常數元素指的就是元素上的函數值為常數，一般使用元素中間點位置的值作代表。也因此，元素個數和節點數相同。不過，定義元素仍然需要元素上前後兩個節點作參考位置。當然一個元素用一點來表示函數值，在表示精度上會遭受批評，因此，需要相對的選取比較多的元素來討論求解的精確度或收斂性。

(b) 使用邊界元素法由於有基本解的定義，一般對於所謂的奇異點（singular point）都會特別留意。關於這點，在邊界元素的建立過程中，常數元素對於 x^i 點在 i 元素本身的討論則利用理論解析計算這個問題，因此，並沒有特別需要作數值處理的地方。

(c) 使用常數元素求解問題，在相鄰兩種邊界條件的交接點上，由於常數元素的節點在元素中間，因此，不同邊界的節點也都分屬不同的邊界，不會有相同節點會有不同邊界條件的情形發生，如圖 4-14 所示。

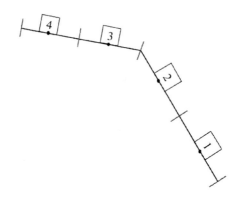

圖 4-14　常數元素在相鄰不同邊界上配置情形

以使用過邊界元素法求解的經驗來說，常數元素應該是很簡單應用的方法。雖然也有線性元素或者二次元素或更高次的元素也可以使用，然而，熟悉常數元素在使用上似乎已經相當足夠。

第五章　二維線性元素之邊界元素法

　　延續前面章節二維邊界元素法，但是考慮使用線性元素。線性元素的意思就是元素上函數為假設線性分佈，而建立線性函數需要利用到元素上兩點的資料，一般採用元素前後兩端點的函數值來建立，也就是說元素端點連結起來為整個問題的節點。但是在邊界積分式的建立過程中，x^i 點的位置（或者基本解定義的位置）會放在節點上，而此時這個節點在邊界上可能具有角度並非平滑邊界，和常數元素均為平滑邊界者不同。也因此，雖然同樣是二維 Laplace 問題，但是邊界積分式則由這個位置的討論開始不同。本章基本上和常數元素介紹的主要架構類似，先是邊界積分式，然後實際計算式子。

5.1　二維 Laplace 線性元素邊界積分式

　　由於同樣是二維的 Laplace 問題，因此，使用加權殘差的過程，以及得到的兩次降階都相同，得到的結果寫為：

$$\int_{\Omega} u\left(\nabla^2 w\right) d\Omega + \int_{\Gamma} qw\,d\Gamma - \int_{\Gamma} u\frac{\partial w}{\partial n}\,d\Gamma = 0 \tag{5-1}$$

（5-1）式其實就是（3-15）式，這裡新的一章重新編號，符號相同不另說明。接著，定義基本解：

$$\nabla^2 u^* = -\Delta^i \tag{5-2}$$

（5-1）式改寫為：

$$-u^i - \int_\Gamma q^* \cdot u d\Gamma + \int_\Gamma u^* \cdot q d\Gamma = 0 \tag{5-3}$$

基本解可以得到表示為：

$$u^* = -\frac{1}{2\pi}\ln r = \frac{1}{2\pi}\ln \frac{1}{r} \tag{5-4}$$

有關基本解的討論與 3.3 節相同。接下來，基本解定義的 x^i 位置由領域內移到邊界上，如圖 5-1 所示。

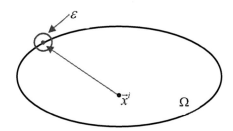

圖 5-1　x^i 移動定義到邊界上

此時，由於將使用線性元素，線性邊界元素的定義如圖 5-2 所示，元素節點定義在兩個元素的交點上。

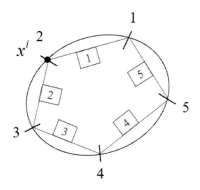

圖 5-2　線性邊界元素定義圖

因此，x^i 位置所在的節點將不會是平滑邊界，而為有轉角（corner）的邊界，如圖 5-3 所示。也因此，邊界積分式成為：

$$-\frac{\alpha}{2\pi}u^i - \int_\Gamma q^* \cdot u d\Gamma + \int_\Gamma u^* \cdot q d\Gamma = 0 \tag{5-5}$$

圖 5-3　基本解位置在轉角邊界

　　在邊界元素法使用線性元素的作法上，有些直接使用（5-5）式，但是需要針對節點分別計算角度 α。在這裡我們仿照 Brebbia 書上的作法，先不去計算個個節點的夾角，而先令為係數 c^i，後續再利用相關的物理概念計算這個係數。則（5-5）式可以改寫為：

$$-c^i u^i - \int_\Gamma q^* \cdot u d\Gamma + \int_\Gamma u^* \cdot q d\Gamma = 0 \tag{5-6}$$

5.2 線性元素的概念

關於線性元素的觀念和計算式，一般都在有限元素法相關的書籍介紹，在此，我們僅作簡單的和足以使用的介紹，對於元素的介紹，甚至到二維元素，有興趣的讀者也可以參考本書作者編著的"有限元素法_輕鬆上手"。線性元素基本上為定義函數在元素上為線性分佈，如圖 5-4 所示。兩個節點之間的 u 函數為線性。

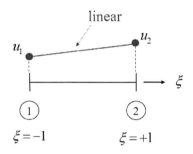

圖 5-4　元素函數為線性分佈

而要表示出元素上的函數為線性，則需要利用元素兩端點的函數值來建立線性函數。則元素上的函數可以表示為：

$$u = \phi_1(\xi)u_1 + \phi_2(\xi)u_2 \tag{5-7}$$

其中，$\phi_1(\xi), \phi_2(\xi)$ 分別為節點 1 和節點 2 的形狀函數(shape function)。形狀函數在元素上的分佈，如圖 5-5 所示。形狀函數配合數值計算，一般都定義在自然座標（natural coordinate）（ $-1 \le \xi \le +1$ ）上，如圖 5-5 所示。形狀函數的特性為：

$$\phi_1(\xi) = \begin{cases} 1, & \xi = -1 \\ 0, & \xi = +1 \end{cases} \quad ; \quad \phi_2(\xi) = \begin{cases} 0, & \xi = -1 \\ 1, & \xi = +1 \end{cases} \tag{5-8}$$

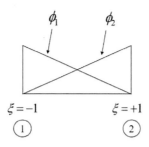

圖 5-5　線性元素節點的形狀函數

則形狀函數可以寫出為：

$$\phi_1(\xi) = \frac{1-\xi}{2} \ , \quad \phi_2(\xi) = \frac{1+\xi}{2} \tag{5-9}$$

由（5-9）式可看出其滿足圖 5-5 的定義。同時，（5-9）式代入（5-7）式也滿足圖 5-4 的定義。使用線性元素表示式，所求解邊界元素上的函數可以寫出為：

$$u = \begin{bmatrix} \phi_1(\xi) & \phi_2(\xi) \end{bmatrix} \begin{pmatrix} u_1 \\ u_2 \end{pmatrix} \tag{5-10}$$

$$q = \begin{bmatrix} \phi_1(\xi) & \phi_2(\xi) \end{bmatrix} \begin{pmatrix} q_1 \\ q_2 \end{pmatrix} \tag{5-11}$$

5.3　線性元素邊界計算式

利用元素的概念，則邊界積分式（5-6）式可以寫出為先對元素積分，然後所有元素累加起來，成為：

$$-c^i u^i - \sum_j \int_{\Gamma_j} q^* u d\Gamma + \sum_j \int_{\Gamma_j} u^* q d\Gamma = 0 \tag{5-12}$$

接下來，代入（5-10）式和（5-11）式的線性形狀函數，則可得：

$$-c^i u^i - \sum_j \int_{\Gamma_j} q^* [\phi_1 \quad \phi_2] d\Gamma \begin{pmatrix} u_1 \\ u_2 \end{pmatrix}_j + \sum_j \int_{\Gamma_j} u^* [\phi_1 \quad \phi_2] d\Gamma \begin{pmatrix} q_1 \\ q_2 \end{pmatrix}_j = 0 \quad (5\text{-}13)$$

（5-13）式可將元素積分另外定義，改寫為：

$$-c^i u^i - \sum_j \begin{bmatrix} \hat{h}_1^{ij} & \hat{h}_2^{ij} \end{bmatrix} \begin{pmatrix} u_1 \\ u_2 \end{pmatrix}_j + \sum_j \begin{bmatrix} g_1^{ij} & g_2^{ij} \end{bmatrix} \begin{pmatrix} q_1 \\ q_2 \end{pmatrix}_j = 0 \quad (5\text{-}14)$$

其中，

$$\hat{h}_1^{ij} = \int_{\Gamma_j} q^* \phi_1 d\Gamma \text{ , } \hat{h}_2^{ij} = \int_{\Gamma_j} q^* \phi_2 d\Gamma \quad (5\text{-}15)$$

$$g_1^{ij} = \int_{\Gamma_j} u^* \phi_1 d\Gamma \text{ , } g_2^{ij} = \int_{\Gamma_j} u^* \phi_2 d\Gamma \quad (5\text{-}16)$$

接下來在邊界元素的建立過程則為討論 x^i 點移到邊界節點上的計算式。

(a) x^i **點在 j 元素上：**

和常數元素不同的，x^i 點在節點上，會和交接的兩個元素拉上關係，如圖 5-6 所示。x^i 點在節點 2 上，則分別為元素 1 的第 2 個節點，以及元素 2 的第 1 個節點。

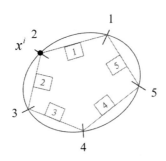

圖 5-6　x^i 點在邊界上與相交兩元素之關係

以通式來看則如圖 5-7 所示，x^i 點在 j 元素的第 1 個節點位置，則分別為元素 $j-1$ 的第 2 個節點，以及 j 元素的第 1 個節點。因此，在元素積分上需要分別考慮。

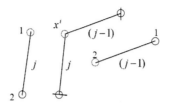

圖 5-7　x^i 點在邊界上與相交（$j-1$）和 j 兩元素之關係

依據圖 5-7 可以計算矩陣係數（5-16）式和（5-17）式。需要留意到，基本解中 r 在 j 元素上為由節點 1 指向節點 2，如圖 5-8 所示，

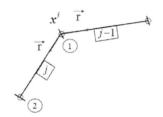

圖 5-8　基本解中 r 在 j 元素上為由節點 1 指向節點 2

由圖 5-8 可知基本解中 $\vec{r}$ 方向和元素的法線方向 $\vec{n}$ 互相垂直，因此可得：

$$\hat{h}_1^{ij} = \int_{\Gamma_j} q^* \phi_1 d\Gamma = 0 \quad , \quad \hat{h}_2^{ij} = \int_{\Gamma_j} q^* \phi_2 d\Gamma = 0 \tag{5-17}$$

留意到，x^i 點也算在 $(j-1)$ 元素上，同樣的也可得：

$$\hat{h}_1^{i(j-1)} = \int_{\Gamma_{j-1}} q^* \phi_1 d\Gamma = 0 \quad , \quad \hat{h}_2^{i(j-1)} = \int_{\Gamma_{j-1}} q^* \phi_2 d\Gamma = 0 \tag{5-18}$$

另外，x^i 點在 j 元素上，可計算 g_1^{ij}，g_2^{ij} 得到：

$$g_1^{ij} = \frac{1}{2\pi} \frac{\ell_j}{2} \left(\frac{3}{2} - \ln \ell_j \right) \tag{5-19}$$

$$g_2^{ij} = \frac{1}{2\pi} \frac{\ell_j}{2} \left(\frac{1}{2} - \ln \ell_j \right) \tag{5-20}$$

同樣的，可得到：

$$g_1^{i(j-1)} = \frac{1}{2\pi} \frac{\ell_{j-1}}{2} \left(\frac{1}{2} - \ln \ell_{j-1} \right) \tag{5-21}$$

$$g_2^{i(j-1)} = \frac{1}{2\pi} \frac{\ell_{j-1}}{2} \left(\frac{3}{2} - \ln \ell_{j-1} \right) \tag{5-22}$$

（5-19）式~（5-22）式的積分計算需要利用到座標轉換的關係，如圖 5-9 所示。

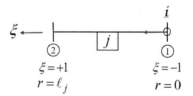

圖 5-9　　j 元素積分座標轉換定義

由圖 5-9 可得關係式

$$r = \frac{1+\xi}{2} \ell_j \ , \quad dr = \frac{\ell_j}{2} d\xi \tag{5-23}$$

(b) x^i 點不在 j 元素上：

考慮線性元素 x^i 點不在 j 元素上的情形，如圖 5-10 所示。由圖可計算 $r = \left[(x - x^i)^2 + (y - y^i)^2 \right]^{1/2}$，也因此，$\hat{h}_1^{ij} = \int_{\Gamma_j} q^* \phi_1 d\Gamma$、$\hat{h}_2^{ij} = \int_{\Gamma_j} q^* \phi_2 d\Gamma$、$g_1^{ij} = \int_{\Gamma_j} u^* \phi_1 d\Gamma$、$g_2^{ij} = \int_{\Gamma_j} u^* \phi_2 d\Gamma$ 表示式無法直接積分，需要使用高斯積分法。

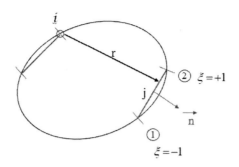

圖 5-10　x^i 點不在 j 元素上的情形

$$g_1^{ij} = \int_{\Gamma_j} u^* \phi_1 d\Gamma$$
$$= \frac{1}{2\pi} \cdot \frac{\ell_j}{2} \cdot \sum_{k=1}^{4} w_k \left[\frac{1-\xi}{2} \cdot (-\ln r) \right]_{\xi_k} \tag{5-24}$$

式中，$r = \left[(x-x^i)^2 + (y-y^i)^2 \right]^{1/2}$ 也需要計算在高斯積分點上。計算座標最容易的方法也是利用元素的形狀函數，可以寫出為：

$$x = \phi_1 x_1 + \phi_2 x_2$$
$$= \frac{1-\xi}{2} x_1 + \frac{1+\xi}{2} x_2 \tag{5-25a}$$

同樣的，

$$y = \phi_1 y_1 + \phi_2 y_2$$
$$= \frac{1-\xi}{2} y_1 + \frac{1+\xi}{2} y_2 \tag{5-25b}$$

利用（5-25a）式和（5-25b）式，可以很容易地計算在高斯積分點上面。

$$x_k = \frac{1-\xi_k}{2} x_1 + \frac{1+\xi_k}{2} x_2 \tag{5-26a}$$

$$y_k = \frac{1-\xi_k}{2}y_1 + \frac{1+\xi_k}{2}y_2 \tag{5-26a}$$

相同的作法，

$$
\begin{aligned}
g_2^{ij} &= \int_{\Gamma_j} u^* \phi_2 d\Gamma \\
&= \frac{1}{2\pi} \cdot \frac{\ell_j}{2} \cdot \sum_{k=1}^{4} w_k \left[\frac{1+\xi}{2} \cdot (-\ln r) \right]_{\xi_k}
\end{aligned}
\tag{5-27}
$$

另外，

$$
\begin{aligned}
\hat{h}_1^{ij} &= \int_{\Gamma_j} q^* \phi_1 d\Gamma \\
&= \frac{1}{2\pi} \cdot \frac{\ell_j}{2} \cdot \sum_{k=1}^{4} w_k \left[\frac{1-\xi}{2} \cdot \frac{-1}{r^2} \cdot (\pm DIST) \right]_{\xi_k}
\end{aligned}
\tag{5-28}
$$

其中，推導過程使用到：

$$
\begin{aligned}
q^* &= \frac{\partial u^*}{\partial n} \\
&= \frac{1}{2\pi} \frac{\partial(-\ln r)}{\partial n} = \frac{1}{2\pi} \frac{-1}{r} \frac{\partial r}{\partial n} \\
&= \frac{1}{2\pi} \frac{-1}{r} \nabla r \cdot \vec{n} = \frac{1}{2\pi} \frac{-1}{r^2} \vec{r} \cdot \vec{n} \\
&= \frac{1}{2\pi} \frac{-1}{r^2} (\pm DIST)
\end{aligned}
\tag{5-29a}
$$

$$
\begin{aligned}
\nabla r &= \frac{\partial r}{\partial x}\vec{i} + \frac{\partial r}{\partial y}\vec{j} \\
&= \frac{1}{r}\vec{r}
\end{aligned}
\tag{5-29b}
$$

$$\vec{r} \cdot \vec{n} = \pm DIST \tag{5-29c}$$

對於（5-29c）實際數值計算，則考慮 x^i 點和元素 j 的相對位置，如圖

5-11 所示。當 $\vec{v}_1 \times \vec{v}_2 > 0$ 取 $+DIST$，而 $\vec{v}_1 \times \vec{v}_2 < 0$ 取 $-DIST$。

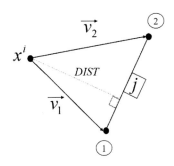

圖 5-11　x^i 點到元素 j 的距離

$DIST$ 為 x^i 點到元素 j 的距離，如圖 5-11 所示。在實際計算上，則考慮 x^i 點到元素前後兩節點 1 和 2 所形成直線的距離。節點 1 和 2 所形成直線方程式可以表出為：

$$y - y_1 = m \cdot (x - x_1) \tag{5-30}$$

斜率為：

$$m = \frac{y_2 - y_1}{x_2 - x_1} \tag{5-31}$$

（5-30）式可改寫成為：

$$mx - y = mx_1 - y_1 \tag{5-32}$$

則 x^i 點到元素 j 的距離可以表示為：

$$DIST = \left| \frac{mx_1 - y_1 - \left(mx^i - y^i\right)}{\left(m^2 + 1\right)^{1/2}} \right| \tag{5-33}$$

同樣的，

$$\hat{h}_2^{ij} = \int_{\Gamma_j} q^* \phi_2 d\Gamma$$

$$= \frac{1}{2\pi} \cdot \frac{\ell_j}{2} \cdot \sum_{k=1}^{4} w_k \left[\frac{1+\xi}{2} \cdot \frac{-1}{r^2} \cdot (\pm DIST) \right]_{\xi_k}$$

(5-34)

上述已經呈現線性元素邊界元素法所需要的各部份計算式。

接下來則為將邊界元素法表示式,(5-14)式,計算在邊界上各節點,然後組成求解的矩陣式。為說明清楚起見,也列出如下:

$$-c^i u^i - \sum_j \begin{bmatrix} \hat{h}_1^{ij} & \hat{h}_2^{ij} \end{bmatrix} \begin{Bmatrix} u_1 \\ u_2 \end{Bmatrix}_j + \sum_j \begin{bmatrix} g_1^{ij} & g_2^{ij} \end{bmatrix} \begin{Bmatrix} q_1 \\ q_2 \end{Bmatrix}_j = 0$$

(5-14)

考慮典型 5 個元素 5 個節點邊界問題,如圖 5-12 所示。

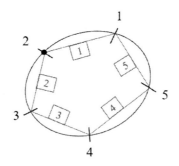

圖 5-12 典型 5 個元素 5 個節點邊界問題

x^i 計算在節點 1, $i = 1$ 方程式展開可整理表示為:

$$-c^1 \cdot u_1 - \left[\hat{h}_1^{11} u_1 + \left(\hat{h}_2^{11} + \hat{h}_1^{12} \right) u_2 + \hat{h}_2^{12} u_3 + \cdots + \left(\hat{h}_2^{14} + \hat{h}_1^{15} \right) u_5 + \hat{h}_2^{15} u_1 \right]$$
$$+ \left[g_1^{11} q_1 + \left(g_2^{11} + g_1^{12} \right) q_2 + g_2^{12} q_3 + \cdots + \left(g_2^{14} + g_1^{15} \right) q_5 + g_2^{15} q_1 \right] = 0$$

(5-35)

在此需要留意的,除了節點係數的計算需要注意外,第 1 元素第 2 節點的係數需要和第 2 元素第 1 節點的係數加在一起;第 1 元素第 1 節點的係數則和第 5 元素第 2 節點的係數加在一起。如此,$\bar{x}^i$ 位置 i 由第 1 節點順序計算到最後節點(第 5 節點),則彙整可得矩陣式。

$$[H]\{u\} = [G]\{q\} \tag{5-36}$$

以上為對圖 5-12 的範例說明，對於任意問題，仍然可以按照相同的步驟得到矩陣式。

（5-36）式表示式和常數元素不同的，矩陣$[H]$的對角線係數含有未知的c^i，$i = 1, 2, \cdots, N$。對這部份未知的計算，可以利用 rigid body motion 的概念來得到。如果將（5-36）式中的u視為結構物的位移，q視為結構物的應變或者應力，則當結構物具有 rigid body motion，即令結構物位移$\{u\} = \{1\}$，可得結構物應變$\{q\} = \{0\}$。由這樣的依據，則（5-36）式可寫為：

$$[H]\{1\} = \{0\} \tag{5-37}$$

或展開得到：

$$h_{11} = -(h_{12} + h_{13} + \cdots h_{1N}) \tag{5-38}$$

（5-38）式的意思為對角線（diagonal）的係數為所有非對角線（off-diagonal）係數的和加上一個負號。依據（5-38）式即解決含有未知的c^i，$i = 1, 2, \cdots, N$ 的問題。

以邊界元素法求解問題的作法來說，接下來則為代入邊界條件，然後求解邊界上未知的函數值。這個作法和常數元素相同，在此不再說明。

5.4　線數元素內部點計算

求解得到邊界上的函數值後，有些問題仍然需要計算領域中某些位置的函數值和其微分值，這種情形即稱為內部點計算。使用線性元素，$\bar{x}^i$在領域內的情形，如圖 5-13 所示。留意到，由於$\bar{x}^i$在領域內，因此不會有在元素上的情形，也就是不會有 singular element 的情形發生。和常數元素的討論相同，此時矩陣係數的計算都要使用高斯積分法。

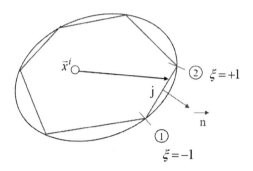

圖 5-13　線性元素內部點計算

使用線性元素，內部點的計算式可以仿照（5-14）式寫出，不過基本解定義在邊界節點上的討論不適用，表示式寫出為：

$$u^i = -\sum_j \begin{bmatrix} \hat{h}_1^{ij} & \hat{h}_2^{ij} \end{bmatrix} \begin{pmatrix} u_1 \\ u_2 \end{pmatrix}_j + \sum_j \begin{bmatrix} g_1^{ij} & g_2^{ij} \end{bmatrix} \begin{pmatrix} q_1 \\ q_2 \end{pmatrix}_j \tag{5-39}$$

其中，矩陣係數 $\hat{h}_1^{ij}$、$\hat{h}_2^{ij}$、g_1^{ij}、g_2^{ij} 的計算使用高斯積分法。而其計算方法則與前述計算邊界時，x^i 點不在 j 元素上的情形相同。

$$g_1^{ij} = \int_{\Gamma_j} u^* \phi_1 d\Gamma$$
$$= \frac{1}{2\pi} \cdot \frac{\ell_j}{2} \cdot \sum_{k=1}^{4} w_k \left[\frac{1-\xi}{2} \cdot (-\ln r) \right]_{\xi_k} \tag{5-40}$$

$$g_2^{ij} = \int_{\Gamma_j} u^* \phi_2 d\Gamma$$
$$= \frac{1}{2\pi} \cdot \frac{\ell_j}{2} \cdot \sum_{k=1}^{4} w_k \left[\frac{1+\xi}{2} \cdot (-\ln r) \right]_{\xi_k} \tag{5-41}$$

$$\hat{h}_1^{ij} = \int_{\Gamma_j} q^* \phi_1 d\Gamma$$

$$= \frac{1}{2\pi} \cdot \frac{\ell_j}{2} \cdot \sum_{k=1}^{4} w_k \left[\frac{1-\xi}{2} \cdot \frac{-1}{r^2} \cdot \left(\pm DIST \right) \right]_{\xi_k} \tag{5-42}$$

$$\hat{h}_2^{ij} = \int_{\Gamma_j} q^* \phi_2 d\Gamma$$

$$= \frac{1}{2\pi} \cdot \frac{\ell_j}{2} \cdot \sum_{k=1}^{4} w_k \left[\frac{1+\xi}{2} \cdot \frac{-1}{r^2} \cdot \left(\pm DIST \right) \right]_{\xi_k} \tag{5-43}$$

其中，x^i 點到元素 j 的距離可以表示為：

$$DIST = \left| \frac{mx_1 - y_1 - \left(mx^i - y^i \right)}{\left(m^2 + 1 \right)^{1/2}} \right| \tag{5-44}$$

$$m = \frac{y_2 - y_1}{x_2 - x_1} \tag{5-45}$$

　　至於內部點微分計算，則可以寫出為：

$$q_x^i = \frac{\partial u^i}{\partial x^i}$$

$$= -\sum_j \int_{\Gamma_j} \left(\frac{\partial q^*}{\partial x^i} \right) \cdot \begin{bmatrix} \phi_1 & \phi_2 \end{bmatrix} d\Gamma \cdot \begin{pmatrix} u_1 \\ u_2 \end{pmatrix}_j + \sum_j \int_{\Gamma_j} \left(\frac{\partial u^*}{\partial x^i} \right) \cdot \begin{bmatrix} \phi_1 & \phi_2 \end{bmatrix} d\Gamma \cdot \begin{pmatrix} q_1 \\ q_2 \end{pmatrix}_j \tag{5-46}$$

$$q_y^i = \frac{\partial u^i}{\partial y^i}$$

$$= -\sum_j \int_{\Gamma_j} \left(\frac{\partial q^*}{\partial y^i} \right) \cdot \begin{bmatrix} \phi_1 & \phi_2 \end{bmatrix} d\Gamma \cdot \begin{pmatrix} u_1 \\ u_2 \end{pmatrix}_j + \sum_j \int_{\Gamma_j} \left(\frac{\partial u^*}{\partial y^i} \right) \cdot \begin{bmatrix} \phi_1 & \phi_2 \end{bmatrix} d\Gamma \cdot \begin{pmatrix} q_1 \\ q_2 \end{pmatrix}_j \tag{5-47}$$

需要留意的，內部點的微分為對計算位置的微分，也就是針對 $\vec{x}^i$ 的微分。（5-46）式和（5-47）式裡面的積分可使用高斯積分法表示為：

$$\int_{\Gamma_j} \frac{\partial u^*}{\partial x^i} \phi_1 d\Gamma = \sum_{k=1}^{4} \frac{1}{2\pi r_k} r_{,x} \cdot \left(\frac{1-\xi_k}{2}\right) \cdot w_k \cdot \left(\frac{\ell_j}{2}\right) \tag{5-48}$$

$$\int_{\Gamma_j} \frac{\partial u^*}{\partial y^i} \phi_1 d\Gamma = \sum_{k=1}^{4} \frac{1}{2\pi r_k} r_{,y} \cdot \left(\frac{1-\xi_k}{2}\right) \cdot w_k \cdot \left(\frac{\ell_j}{2}\right) \tag{5-49}$$

$$\int_{\Gamma_j} \frac{\partial u^*}{\partial x^i} \phi_2 d\Gamma = \sum_{k=1}^{4} \frac{1}{2\pi r_k} r_{,x} \cdot \left(\frac{1+\xi_k}{2}\right) \cdot w_k \cdot \left(\frac{\ell_j}{2}\right) \tag{5-50}$$

$$\int_{\Gamma_j} \frac{\partial u^*}{\partial y^i} \phi_2 d\Gamma = \sum_{k=1}^{4} \frac{1}{2\pi r_k} r_{,y} \cdot \left(\frac{1+\xi_k}{2}\right) \cdot w_k \cdot \left(\frac{\ell_j}{2}\right) \tag{5-51}$$

$$\int_{\Gamma_j} \frac{\partial q^*}{\partial x^i} \phi_1 d\Gamma = \sum_{k=1}^{4} \frac{-1}{2\pi r_k^2} \left[\left(2r_{,x}^2-1\right)n_1 + 2r_{,x}r_{,y}n_2\right] \cdot \left(\frac{1-\xi_k}{2}\right) \cdot w_k \cdot \left(\frac{\ell_j}{2}\right) \tag{5-52}$$

$$\int_{\Gamma_j} \frac{\partial q^*}{\partial y^i} \phi_1 d\Gamma = \sum_{k=1}^{4} \frac{-1}{2\pi r_k^2} \left[\left(2r_{,y}^2-1\right)n_1 + 2r_{,x}r_{,y}n_1\right] \cdot \left(\frac{1-\xi_k}{2}\right) \cdot w_k \cdot \left(\frac{\ell_j}{2}\right) \tag{5-53}$$

$$\int_{\Gamma_j} \frac{\partial q^*}{\partial x^i} \phi_2 d\Gamma = \sum_{k=1}^{4} \frac{-1}{2\pi r_k^2} \left[\left(2r_{,x}^2-1\right)n_1 + 2r_{,x}r_{,y}n_2\right] \cdot \left(\frac{1+\xi_k}{2}\right) \cdot w_k \cdot \left(\frac{\ell_j}{2}\right) \tag{5-54}$$

$$\int_{\Gamma_j} \frac{\partial q^*}{\partial y^i} \phi_2 d\Gamma = \sum_{k=1}^{4} \frac{-1}{2\pi r_k^2} \left[\left(2r_{,y}^2-1\right)n_1 + 2r_{,x}r_{,y}n_1\right] \cdot \left(\frac{1+\xi_k}{2}\right) \cdot w_k \cdot \left(\frac{\ell_j}{2}\right) \tag{5-55}$$

其中，r_k，$r_{,x}$，$r_{,y}$，n_1，n_2，ℓ_j 均可沿用常數元素之表示式。

第六章　應用問題

　　本章為說明邊界元素法的應用，目的在求解邊界值問題或者起始值－邊界值問題。內容主要為編者過去應用邊界元素法求解過的問題，也說明邊界元素法在應用上需要留意的地方。

　　前述常數元素的章節已經有題到邊界元素法的標準測試問題，如圖 6-1 所示。邊界值問題的四個邊界均為已知的邊界條件，這是最簡單的求解問題，直接使用邊界元素法的求解矩陣式，計算係數矩陣然後代入邊界條件求解矩陣，後續再計算需要知道的領域中的函數值。

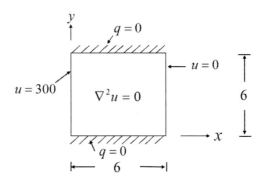

圖 6-1　二維 Laplace 測試問題示意圖

6.1　水槽造波模擬

　　水槽造波是結構物運動造波最簡單的問題，如圖 6-2 所示。水槽等水深 h，左側造波結構運動在水面產生波浪往前傳遞。相關造波理論可參考編者著作"海洋結構物的波浪水動力"，在理論求解考慮水槽長度為半無限長。

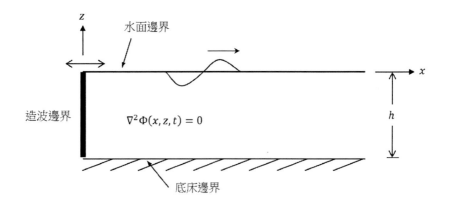

圖 6-2　水槽直推式造波示意圖

在實際水槽中，都會有個盡頭，而為防止波浪在水槽盡頭產生的反射一般也都會有施作消波設施。在數值模擬中，雖然也有利用所謂無限元素（infinite element）來模擬無限領域，仍然都需要在數值模式中設定人為邊界（artificial boundary），然後給定邊界條件，讓水槽中的波浪能夠完全通過，如圖 6-3 所示。此一人為邊界也稱為 Zommerfeld radiation condition，或稱為無反射邊界（non-reflection boundary）。

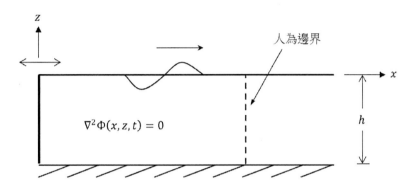

圖 6-3　水槽造波問題人為邊界示意圖

對於圖 6-3 的斷面造波問題，就數值模擬而言，也可以使用有限元素法進行計算。不過，使用有限元素法就需要對問題的領域劃分元素格網，如圖 6-4，相較於邊界元素格網，如圖 6-5，顯然比較複雜。有關邊界元素法可參考編者著 "有限元素法輕鬆上手"。

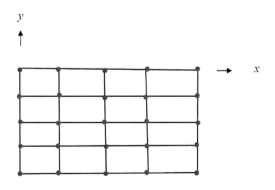

圖 6-4　有限元素四邊形元素格網

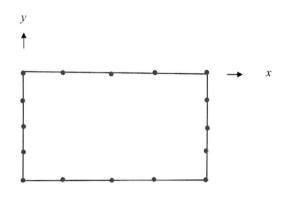

圖 6-5　邊界元素線性元素格網

　　利用邊界元素法求解圖 6-3 的斷面造波問題，考慮穩定週期性
（steady and periodic）問題，即求解波浪場時間函數為周期性 $e^{-i\omega t}$，
$\omega = 2\pi / T$，T 為週期。波浪勢函數可以寫為：

$$\Phi(x,z,t) = \phi(x,z) \cdot e^{-i\omega t} \tag{6-1}$$

考慮線性波浪問題，邊界值問題可以寫出為：

　　控制方程式：$\nabla^2 \phi(x,z) = 0$ (6-2)

　　水底邊界條件：$\dfrac{\partial \phi}{\partial n} = 0$ (6-3)

　　水面邊界條件：$\dfrac{\partial \phi}{\partial n} = \dfrac{\omega^2}{g}\phi$ (6-4)

　　造波邊界條件：$\dfrac{\partial \phi}{\partial n} = i\omega\dfrac{s}{2}$ (6-5)

　　人為邊界條件：$\dfrac{\partial \phi}{\partial n} = iK\phi$ (6-6)

需要留意的，（6-3）式~（6-6）式邊界條件都已經轉變為邊界元素法

邊界條件的寫法 $q = \dfrac{\partial \phi}{\partial n}$，法線方向 $\bar{n}$ 均定義為離開領域方向為正。另外，值得一提的為（6-6）式人為邊界條件表示式的推導由來。

　　由於所造出的波浪為往 $+x$ 方向傳遞，因此波浪勢函數可以寫為 $\Phi(x - ct)$，即滿足關係式：

$$\frac{\partial \Phi}{\partial x} + \frac{1}{c}\frac{\partial \Phi}{\partial t} = 0 \tag{6-7}$$

（6-7）式即稱為 Sommerfeld radiation condition（輻射條件）。若波浪往 $-x$ 傳遞，波浪勢函數則寫為 $\Phi(x + ct)$，滿足 $\dfrac{\partial \Phi}{\partial x} - \dfrac{1}{c}\dfrac{\partial \Phi}{\partial t} = 0$ 的型態。而如果波浪考慮為穩定週期性運動，利用（6-1）式，則（6-7）式改寫成為：

$$\frac{\partial \phi}{\partial x} - iK\phi = 0 \tag{6-8}$$

上述（6-7）式中，c 為波速，可以為時間的函數；而在（6-8）式中，由於考慮穩定週期性運動，K 則為穩定波形的周波數。在造波問題中，波浪場由於有造波邊界的效應，在理論上，波浪離開造波邊界三倍水深以上，波形才完全為穩定波形（Dean and Dalrymple, 1984）。基於此，人為邊界的位置也至少需要按照這個原則來選定位置。而根據編者實際使用邊界元素法計算的經驗，人為邊界的位置選定，在模式計算中仍然需要測試，以滿足所需要的精確度做決定。

　　利用邊界元素法，則控制方程式為 Laplace equation 的邊界積分式可寫為：

$$[H]\{\phi\} = [G]\{q\} \tag{6-9}$$

若指定所求解問題的邊界為四個邊界，如圖 6-6 所示，則邊界積分矩陣式可表示為：

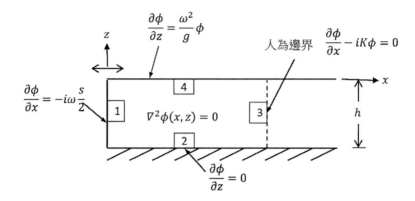

圖 6-6　水槽造波問題四個邊界指定示意圖

$$
\begin{bmatrix}
H_{11} & H_{12} & H_{13} & H_{14} \\
H_{21} & H_{22} & H_{23} & H_{24} \\
H_{31} & H_{32} & H_{33} & H_{34} \\
H_{41} & H_{42} & H_{43} & H_{44}
\end{bmatrix}
\begin{Bmatrix}
\phi_1 \\
\phi_2 \\
\phi_3 \\
\phi_4
\end{Bmatrix}
=
\begin{bmatrix}
G_{11} & G_{12} & G_{13} & G_{14} \\
G_{21} & G_{22} & G_{23} & G_{24} \\
G_{31} & G_{32} & G_{33} & G_{34} \\
G_{41} & G_{42} & G_{43} & G_{44}
\end{bmatrix}
\begin{Bmatrix}
q_1 \\
q_2 \\
q_3 \\
q_4
\end{Bmatrix}
\tag{6-10}
$$

接著將四種邊界的邊界條件,(6-3)式~(6-6)式,代入(6-10)式中。而由於輻射邊界和水面邊界為混和型態,因此代入(6-6)式等號右邊,矩陣式需要調整之後才求解。

以(6-10)式第一個方程式做說明,其代數式可寫為:

$$
\begin{aligned}
& H_{11}\phi_1 + H_{12}\phi_2 + H_{13}\phi_3 + H_{14}\phi_4 \\
& = G_{11}(-i\omega\frac{s}{2}) + G_{12}(0) + G_{13}(iK\phi_3) + G_{14}(\frac{\omega^2}{g}\phi_4)
\end{aligned}
\tag{6-11}
$$

或調整成為:

$$
\begin{aligned}
& H_{11}\phi_1 + H_{12}\phi_2 + (H_{13} - iKG_{13})\phi_3 + (H_{14} - \frac{\omega^2}{g}G_{14})\phi_4 \\
& = G_{11}(-i\omega\frac{s}{2})
\end{aligned}
\tag{6-12}
$$

由此，則矩陣式（6-10）代入邊界條件後，可改寫為：

$$
\begin{bmatrix}
H_{11} & H_{12} & H_{13}-iKG_{13} & H_{14}-\dfrac{\omega^2}{g}G_{14} \\[2mm]
H_{21} & H_{22} & H_{23}-iKG_{23} & H_{24}-\dfrac{\omega^2}{g}G_{24} \\[2mm]
H_{31} & H_{32} & H_{33}-iKG_{33} & H_{34}-\dfrac{\omega^2}{g}G_{34} \\[2mm]
H_{41} & H_{42} & H_{43}-iKG_{43} & H_{44}-\dfrac{\omega^2}{g}G_{44}
\end{bmatrix}
\begin{Bmatrix}
\phi_1 \\ \phi_2 \\ \phi_3 \\ \phi_4
\end{Bmatrix}
\tag{6-13}
$$

$$
=\begin{bmatrix}
G_{11} \\ G_{21} \\ G_{31} \\ G_{41}
\end{bmatrix}
\left\{-i\omega\frac{s}{2}\right\}
$$

或進一步簡單表示為：

$$
\begin{bmatrix}
H_1 & H_2 & H_3-iKG_3 & H_4-\dfrac{\omega^2}{g}G_4
\end{bmatrix}
\begin{Bmatrix}
\phi_1 \\ \phi_2 \\ \phi_3 \\ \phi_4
\end{Bmatrix}
=[G_1]\left\{-i\omega\frac{s}{2}\right\}
\tag{6-14}
$$

（6-14）式即可用來求解邊界上的波浪勢函數值。

　　利用自由水面的波浪勢函數即可計算水面的水位變化。

$$
\eta(x,t)=\frac{-i\omega}{g}\phi_4\cdot e^{-i\omega t}
\tag{6-15}
$$

需要留意的，（6-15）式為複數型態。為表示出實數部份物理量，（6-15）式可改寫為：

$$
\eta(x,t)=A\cdot e^{-i(\omega t-\theta)}
\tag{6-16}
$$

式中，A 為振幅（amplitude），θ 為相位差（phase lag），分別表示為：

$$A = \left| \frac{-i\omega}{g} \phi_4 \right| \qquad (6\text{-}17)$$

$$\theta = \tan^{-1} \frac{\mathrm{Im}(\frac{-i\omega}{g} \phi_4)}{\mathrm{Re}(\frac{-i\omega}{g} \phi_4)} \qquad (6\text{-}18)$$

如果需要進一步計算波浪場中的變數，例如壓力或速度場，則可以利用內部點的計算方法逐行處理。

6.2　含有入射波的問題

　　上一章節說明邊界運動造波問題的邊界元素法計算，本節則說明含有入射波進入領域，遇到邊界產生反射問題的計算。這類問題最簡單的就是波浪的全反射問題，如圖 6-7 所示，在等水深的水槽中，給定入射波由左側進入領域。

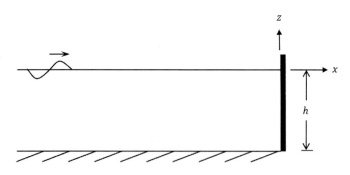

圖 6-7　入射波進入水槽中的問題示意圖

由圖 6-7 可知，所要求解的為已知的入射波前進，遇到右側的直立壁會產生的反射波。或者說，入射波作用在直立壁上面，產生所要求解未知的反射波，而且反射波將往左側 $-x$ 方向傳遞。就數值方法求解來說，就需要設定所要求解的領域，如圖 6-8 所示。入射波顯示在直立壁上，所產生的反射波往 $-x$ 方向傳遞，同時所求解領域為有限範圍，因此需要設定人為邊界條件配合適當的輻射條件。

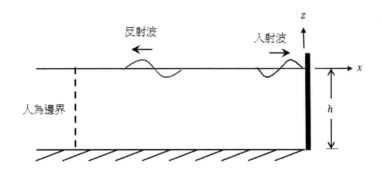

圖 6-8　求解反射波的領域示意圖

　　求解波浪問題，則由前述波浪問題可以列出所要求解的邊界值問題，寫出表示式為：

控制方程式：$\nabla^2 \phi^R(x,z) = 0$ （6-19）

水底邊界條件：$\dfrac{\partial \phi^R}{\partial n} = 0$ （6-20）

水面邊界條件：$\dfrac{\partial \phi^R}{\partial n} = \dfrac{\omega^2}{g}\phi^R$ （6-21）

人為邊界條件：$\dfrac{\partial \phi^R}{\partial n} = iK\phi^R$ （6-22）

這裡需要特別留意的是直立壁上的條件，需要由給定的入射波波浪勢函數來表示。給定入射波表示為：

$$\phi^I(x,z) = \frac{Hg}{2\omega}\frac{\cosh(z+h)}{\cosh h}e^{iKx}$$ （6-23）

則直立壁上的邊界條件為：

$$\frac{\partial\left(\phi^I + \phi^R\right)}{\partial x} = 0 \ , \ x = 0 \tag{6-24}$$

或寫為：

$$\frac{\partial\phi^R}{\partial x} = -\frac{\partial\phi^I}{\partial x}$$
$$= -iK \frac{Hg}{2\omega} \frac{\cosh K(z+h)}{\cosh Kh} \tag{6-25}$$

（6-25）式改寫成邊界元素法的型態成為：

$$\frac{\partial\phi^R}{\partial n} = -iK \frac{Hg}{2\omega} \frac{\cosh K(z+h)}{\cosh Kh} \tag{6-26}$$

這裡也需要注意到，(6-26)式為 z 座標的函數，若考慮到邊界元素上，則需要各個元素分別計算。

利用邊界元素法，求解反射波的控制方程式為 Laplace equation 的邊界積分式可寫為：

$$[H]\{\phi^R\} = [G]\{q^R\} \tag{6-27}$$

若指定所求解問題的邊界為四個邊界，如圖 6-9 所示，則邊界積分矩陣式可表示為：

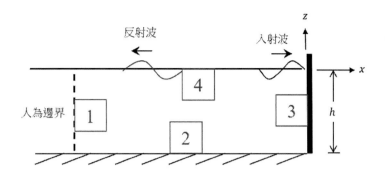

圖 6-9　邊界指定示意圖

$$\begin{bmatrix} H_{11} & H_{12} & H_{13} & H_{14} \\ H_{21} & H_{22} & H_{23} & H_{24} \\ H_{31} & H_{32} & H_{33} & H_{34} \\ H_{41} & H_{42} & H_{43} & H_{44} \end{bmatrix} \begin{Bmatrix} \phi_1^R \\ \phi_2^R \\ \phi_3^R \\ \phi_4^R \end{Bmatrix} = \begin{bmatrix} G_{11} & G_{12} & G_{13} & G_{14} \\ G_{21} & G_{22} & G_{23} & G_{24} \\ G_{31} & G_{32} & G_{33} & G_{34} \\ G_{41} & G_{42} & G_{43} & G_{44} \end{bmatrix} \begin{Bmatrix} q_1^R \\ q_2^R \\ q_3^R \\ q_4^R \end{Bmatrix} \tag{6-28}$$

接著將四種邊界的邊界條件，（6-20）式~（6-22）式及（6-26）式，代入（6-28）式中。則矩陣式（6-28）代入邊界條件後，可改寫為：

$$\begin{bmatrix} H_{11} - iKG_{11} & H_{12} & H_{13} & H_{14} - \dfrac{\omega^2}{g}G_{14} \\[2mm] H_{21} - iKG_{21} & H_{22} & H_{23} & H_{24} - \dfrac{\omega^2}{g}G_{24} \\[2mm] H_{31} - iKG_{31} & H_{32} & H_{33} & H_{34} - \dfrac{\omega^2}{g}G_{34} \\[2mm] H_{41} - iKG_{41} & H_{42} & H_{43} & H_{44} - \dfrac{\omega^2}{g}G_{44} \end{bmatrix} \begin{Bmatrix} \phi_1^R \\ \phi_2^R \\ \phi_3^R \\ \phi_4^R \end{Bmatrix} \tag{6-29}$$

$$= \begin{bmatrix} G_{13} \\ G_{23} \\ G_{33} \\ G_{43} \end{bmatrix} \left\{ -iK \frac{Hg}{2\omega} \frac{\cosh K(z+h)}{\cosh Kh} \right\}$$

或進一步簡單表示為：

$$\left[H_1 - iKG_1 \quad H_2 \quad H_3 \quad H_4 - \frac{\omega^2}{g}G_4 \right] \begin{Bmatrix} \phi_1^R \\ \phi_2^R \\ \phi_3^R \\ \phi_4^R \end{Bmatrix} \tag{6-30}$$

$$= [G_1] \left\{ -iK \frac{Hg}{2\omega} \frac{\cosh K(z+h)}{\cosh Kh} \right\}$$

（6-30）式即可用來求解邊界上的波浪勢函數值。

利用自由水面的波浪勢函數即可計算水面的水位變化，

$$\eta^R(x,t) = \frac{-i\omega}{g}\phi_4^R \cdot e^{-i\omega t} \tag{6-31}$$

前述求解反射波的作法為，入射波已經進到直立壁前方，直接加到直立壁的邊界條件。另外一種作法為將入射波加在計算領域的左側，也就是說入射波沒有進入所求解的領域，而是加在人為邊界上，如圖6-10所示。此時，可以理解的，求解領域中的波浪勢函數應該包括入射波和反射波，但是只用一個未知的波浪勢函數表示。

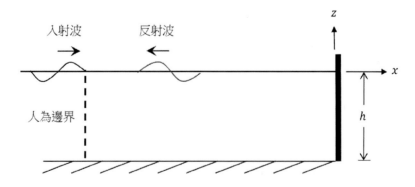

圖 6-10　入射波加在人為邊界上

所要求解的邊界值問題，寫出表示式為：

控制方程式：$\nabla^2\phi(x,z)=0$ (6-32)

水底邊界條件：$\dfrac{\partial\phi}{\partial n}=0$ (6-33)

水面邊界條件：$\dfrac{\partial\phi}{\partial n}=\dfrac{\omega^2}{g}\phi$ (6-34)

直立壁邊界條件：$\dfrac{\partial\phi}{\partial n}=0$ (6-35)

由於直立壁前方的波浪已經包括入射波和反射波，因此，波浪勢函數直接滿足直立壁的邊界條件。給定入射波表示為：

$$\phi^I(x,z)=\frac{Hg}{2\omega}\frac{\cosh(z+h)}{\cosh h}e^{iKx} \qquad (6\text{-}36)$$

在人為邊界條件上的考慮與前面第一種方法也不相同。由於僅有反射波需要離開計算的領域，因此只有反射波滿足輻射條件。反射波表示式為：

$$\phi^R=\phi-\phi^I \qquad (6\text{-}37)$$

$$\frac{\partial\phi^R}{\partial n}=iK\phi^R \qquad (6\text{-}38)$$

（6-37）式代入反射波的輻射條件（6-38）式可得：

$$\frac{\partial\phi}{\partial n}=\frac{\partial\phi^I}{\partial n}+iK(\phi-\phi^I) \qquad (6\text{-}39)$$

或整理為：

$$\frac{\partial\phi}{\partial n}=iK\phi+(\frac{\partial\phi^I}{\partial n}-iK\phi^I) \qquad (6\text{-}40)$$

對於入射波直接加在人為邊界上的條件已經得到如（6-40）所示。

在此，對於所求解邊界值問題的四個邊界給定號碼，如圖 6-11 所示，順序依次為人為邊界、底床、直立壁、以及自由水面。

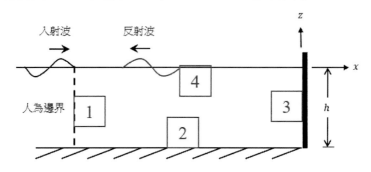

圖 6-11　入射波在邊界上邊界指定圖

則邊界元素矩陣式可以寫為：

$$\begin{bmatrix} H_{11} & H_{12} & H_{13} & H_{14} \\ H_{21} & H_{22} & H_{23} & H_{24} \\ H_{31} & H_{32} & H_{33} & H_{34} \\ H_{41} & H_{42} & H_{43} & H_{44} \end{bmatrix} \begin{Bmatrix} \phi_1 \\ \phi_2 \\ \phi_3 \\ \phi_4 \end{Bmatrix} = \begin{bmatrix} G_{11} & G_{12} & G_{13} & G_{14} \\ G_{21} & G_{22} & G_{23} & G_{24} \\ G_{31} & G_{32} & G_{33} & G_{34} \\ G_{41} & G_{42} & G_{43} & G_{44} \end{bmatrix} \begin{Bmatrix} q_1 \\ q_2 \\ q_3 \\ q_4 \end{Bmatrix} \qquad (6\text{-}41)$$

接著將四種邊界的邊界條件，（6-33）式~（6-35）式及（6-40）式，代入（6-41）式中。則矩陣式（6-41）代入邊界條件後，可改寫為：

$$
\begin{bmatrix}
H_{11} - iKG_{11} & H_{12} & H_{13} & H_{14} - \dfrac{\omega^2}{g}G_{14} \\[2mm]
H_{21} - iKG_{21} & H_{22} & H_{23} & H_{24} - \dfrac{\omega^2}{g}G_{24} \\[2mm]
H_{31} - iKG_{31} & H_{32} & H_{33} & H_{34} - \dfrac{\omega^2}{g}G_{34} \\[2mm]
H_{41} - iKG_{41} & H_{42} & H_{43} & H_{44} - \dfrac{\omega^2}{g}G_{44}
\end{bmatrix}
\begin{Bmatrix}
\phi_1 \\ \phi_2 \\ \phi_3 \\ \phi_4
\end{Bmatrix}
\tag{6-42}
$$

$$
= \begin{bmatrix}
G_{13} \\ G_{23} \\ G_{33} \\ G_{43}
\end{bmatrix}
\left\{ \left(\frac{\partial \phi^I}{\partial n} - iK\phi^I \right) \right\}
$$

或進一步簡單表示為：

$$
\begin{bmatrix}
H_1 - iKG_1 & H_2 & H_3 & H_4 - \dfrac{\omega^2}{g}G_4
\end{bmatrix}
\begin{Bmatrix}
\phi_1 \\ \phi_2 \\ \phi_3 \\ \phi_4
\end{Bmatrix}
\tag{6-43}
$$

$$
= \begin{bmatrix} G_1 \end{bmatrix}
\left\{ \left(\frac{\partial \phi^I}{\partial n} - iK\phi^I \right) \right\}
$$

（6-43）式即可用來求解邊界上的波浪勢函數值。需要留意到，（6-43）式等號右邊的入射波表示式需要代入計算式（6-36）式搭配適當的座標位置才行。另外，這個方法求解的為領域裡面的入射波加上反射波，若要求得反射波需要扣除已知的入射波才正確。若要計算水面的水位，也同樣利用自由水面的波浪勢函數，即可計算水面的水位變化，

$$
\eta(x,t) = \frac{-i\omega}{g} \phi_4 \cdot e^{-i\omega t} \tag{6-44}
$$

同樣的，（6-44）式為入射波和反射波的合成結果。

6.3 入射波作用在水中結構物

有了前面 6.2 節入射波浪進入斷面水槽反射問題的計算，接下來可以看看入射波受到水中結構物影響的問題。所考慮問題的幾何配置如圖 6-12 所示，給定入射波由左側進入，等水深 h，結構物寬 ℓ、高 d、距離水面 h_s。可以理解的，入射波浪受到結構物的影響，將產生反射波和透過波。

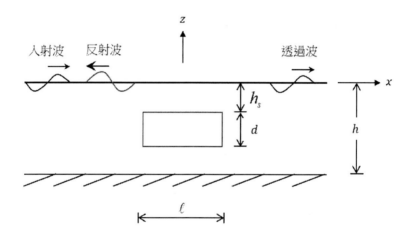

圖 6-12　入射波通過水中結構物示意圖

利用數值方法求解這個問題，首先需要確認所要求解的問題。由於入射波為給定的，受到結構物影響，在結構物左側產生反射波往 $-x$ 方向傳遞；而在結構物右側產生透過波往 $+x$ 方向傳遞。整體看起來，所要求解的就是除了入射波浪以外的這些反射波和透過波。因此，需要設定求解領域，在結構物左側和右側增加人為邊界，如圖 6-13 所示。

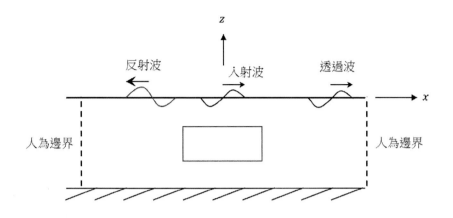

圖 6-13　入射波通過水中結構物計算領域

留意到在圖 6-13 中，我們已經將入射波的圖形移到結構物的上方，隱含入射波已經進入計算領域，直接作用在結構物邊界上。

　　對於圖 6-13 所描述的入射波浪通過水中結構物的問題，其邊界值問題可寫出為：

控制方程式：$\nabla^2 \phi(x,z) = 0$　　　　　　　　　　　　　　　　　(6-45)

水底邊界條件：$\dfrac{\partial \phi}{\partial n} = 0$　　　　　　　　　　　　　　　　　(6-46)

水面邊界條件：$\dfrac{\partial \phi}{\partial n} = \dfrac{\omega^2}{g} \phi$　　　　　　　　　　　　　　　(6-47)

人為邊界條件：$\dfrac{\partial \phi}{\partial n} = iK\phi$　　　　　　　　　　　　　　　　(6-48)

結構表面邊界條件：這部份分成結構物上、下方和左、右側說明。

結構物上方：$\dfrac{\partial(\phi + \phi^I)}{\partial z} = 0$　　　　　　　　　　　　　(6-49a)

或改寫為：$\dfrac{\partial \phi}{\partial z} = -\dfrac{\partial \phi^I}{\partial z}$　　　　　　　　　　　　　(6-49b)

或配合邊界髮線方向寫為：$\dfrac{\partial \phi}{\partial n} = \dfrac{\partial \phi^I}{\partial z}$ (6-49c)

　　留意到，結構物邊界為內部領域邊界，法線方向離開領域方向為正。

結構物下方：$\dfrac{\partial(\phi + \phi^I)}{\partial z} = 0$ (6-50a)

或改寫為：$\dfrac{\partial \phi}{\partial z} = -\dfrac{\partial \phi^I}{\partial z}$ (6-50b)

或配合邊界髮線方向寫為：$\dfrac{\partial \phi}{\partial n} = -\dfrac{\partial \phi^I}{\partial z}$ (6-50c)

　　留意到，結構物邊界為內部領域邊界，法線方向離開領域方向為正。

結構物左側：$\dfrac{\partial(\phi + \phi^I)}{\partial x} = 0$ (6-51a)

或改寫為：$\dfrac{\partial \phi}{\partial x} = -\dfrac{\partial \phi^I}{\partial x}$ (6-51b)

或配合邊界髮線方向寫為：$\dfrac{\partial \phi}{\partial n} = -\dfrac{\partial \phi^I}{\partial z}$ (6-51c)

結構物右側：$\dfrac{\partial(\phi + \phi^I)}{\partial x} = 0$ (6-52a)

或改寫為：$\dfrac{\partial \phi}{\partial x} = -\dfrac{\partial \phi^I}{\partial x}$ (6-52b)

或配合邊界髮線方向寫為：$\dfrac{\partial \phi}{\partial n} = \dfrac{\partial \phi^I}{\partial x}$ (6-52c)

利用邊界元素法求解這個問題，個個邊界給予指定號碼，如圖 6-14 所示。需要留意的，在此我們使用右手定則進行計算，因此波浪場領域使用逆時針方向順序給號碼；而結構邊界則屬於內部邊界，使用順時針方向順序給號碼。同時，內部邊界的法線方向仍然為離開領域方向為正，即指向結構內部方向為正。

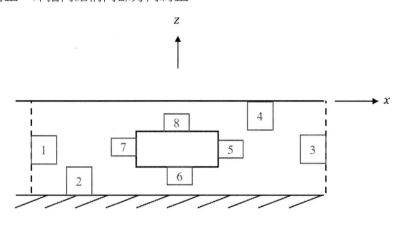

圖 6-14　波浪作用水中結構物邊界指定號碼示意圖

依據圖 6-14，則邊界元素法矩陣式可以寫出為：

$$
\begin{bmatrix} H_1 & H_2 & H_3 & H_4 & H_5 & H_6 & H_7 & H_8 \end{bmatrix} \begin{Bmatrix} \phi_1 \\ \phi_2 \\ \phi_3 \\ \phi_4 \\ \phi_5 \\ \phi_6 \\ \phi_7 \\ \phi_8 \end{Bmatrix}
$$

$$
= \begin{bmatrix} G_1 & G_2 & G_3 & G_4 & G_5 & G_6 & G_7 & G_8 \end{bmatrix} \begin{Bmatrix} q_1 \\ q_2 \\ q_3 \\ q_4 \\ q_5 \\ q_6 \\ q_7 \\ q_8 \end{Bmatrix} \tag{6-53}
$$

代入邊界條件（6-46）式~（6-48）式，以及（49c）（50c）（51c）（52c）式，則（6-53）式改寫為：

$$
\left[H_1 - iKG_1 \quad H_2 \quad H_3 - iKG_3 \quad H_4 - \frac{\omega^2}{g}G_4 \quad H_5 \quad H_6 \quad H_7 \quad H_8 \right]_{8\times 8}
\begin{Bmatrix} \phi_1 \\ \phi_2 \\ \phi_3 \\ \phi_4 \\ \phi_5 \\ \phi_6 \\ \phi_7 \\ \phi_8 \end{Bmatrix}_{8\times 1}
$$

$$
= \begin{bmatrix} G_5 & G_6 & G_7 & G_8 \end{bmatrix}_{8\times 4}
\begin{Bmatrix} \dfrac{\partial \phi^I}{\partial x} \\[2mm] \dfrac{\partial \phi^I}{\partial z} \\[2mm] \dfrac{\partial \phi^I}{\partial x} \\[2mm] \dfrac{\partial \phi^I}{\partial z} \end{Bmatrix}_{4\times 1}
$$

$$(6\text{-}54)$$

（6-54）式中代入入射波的表示式，即可以求解矩陣計算邊界上的未知函數值。

　　在此仍要強調的，結構物表面由於是屬於內部邊界，因此，邊界元素號碼的給定需要順時針方向，而法線方向則為離開領域方向的指向結構物內部。另外，求解這個問題，我們將入射波給定在結構物的表面邊界，意思就是入射波浪已經通過結構物產生的作用。在解法上，仍然可以仿照上節的作法，將入射波給定在左側的人為邊界上，這樣的作法也可以得到相同的結果。

6.4 波浪與水中浮式結構物互制

有了前一節 6.3 入射波和固定的水中結構物邊界元素法的計算作基礎，接下來可以進一步利用這個數值方法，計算波浪和浮式結構物的互相作用。考慮的問題如圖 6-15 所示。入射波浪由左側進入，浮式結構物利用彈簧近似繫纜錨碇於底床。直角座標系統定在靜水位，等水深 h、結構物寬度 2ℓ，結構物吃水深 d_1，結構物距離底床 d_2。錨碇彈簧分別為 $\overline{AB}$ 和 $\overline{CD}$。入射波為 η^I、反射波 η^R 而透過波為 η^T。

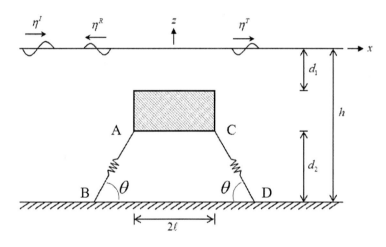

圖 6-15 波浪與水中浮式結構物互制示意圖

對於圖 6-15 問題的求解，由於考慮的是會運動的浮式結構物，因此需要利用到結構物動力方程式。另外也牽涉到波浪和結構物互相作用問題的求解方法。延續 6.3 節對於波浪的描述，考慮穩定週期性的波浪運動。對於波浪場的求解，常用的方法為將波浪勢函數表示為散射波和輻射波的合成，

$$\phi = \phi^I + \phi^D + \sum_{j=1}^{3} s_j \cdot \phi^j \tag{6-56}$$

其中，ϕ^I 為入射波、ϕ^D 為散射波、ϕ^j 則為對應的單位振幅輻射波波

浪勢函數，$j = 1, 2, 3$ 分別代表水平 surge、垂直 heave、轉動 pitch 三個方向的運動。這裡所說的散射波即為結構物固定受波浪作用產生的波浪場，也就是 6.3 節所求解出的波浪場。至於輻射波 ϕ^j 則需要分別對三個自由度作單位振幅的造波問題求解。結構物進行 surge, heave, roll 運動造波，分別如圖 6-16, 6-17, 6-18 所示。由圖可看出，要利用邊界元素法求解問題，需要在結構物左右兩側分別設定人為邊界，讓所造出的波浪通過人為邊界而沒有反射波影響波浪場。

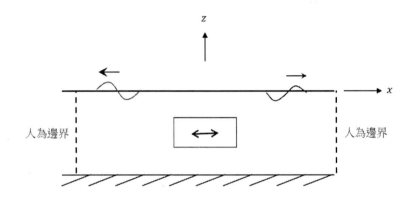

圖 6-16 水中結構物作 surge 運動造波

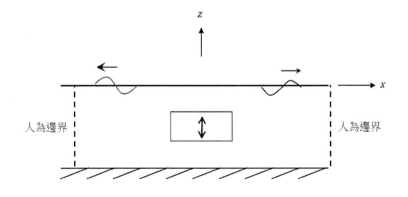

圖 6-17 水中結構物作 heave 運動造波

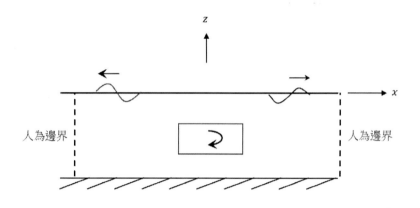

圖 6-18　水中結構物作 roll 運動造波

　　對於圖 6-16~圖 6-18 所描述的水中結構物運動造波的問題，其邊界值問題可寫出為：

控制方程式：$\nabla^2 \phi(x,z) = 0$ (6-57)

水底邊界條件：$\dfrac{\partial \phi}{\partial n} = 0$ (6-58)

水面邊界條件：$\dfrac{\partial \phi}{\partial n} = \dfrac{\omega^2}{g} \phi$ (6-59)

人為邊界條件：$\dfrac{\partial \phi}{\partial n} = iK\phi$ (6-60)

而結構物表面邊界條件則分別為：

surge 運動：

結構物左側：$\dfrac{\partial \phi^1}{\partial n} = -i\omega$ (6-61a)

結構物右側：$\dfrac{\partial \phi^1}{\partial n} = i\omega$ (6-61b)

結構物上下面：$\dfrac{\partial \phi^1}{\partial n} = 0$　　　　　　　　　　　　　　　(6-61c)

heave 運動：

結構物上面：$\dfrac{\partial \phi^1}{\partial n} = i\omega$　　　　　　　　　　　　　　(6-62a)

結構物下面：$\dfrac{\partial \phi^1}{\partial n} = -i\omega$　　　　　　　　　　　　(6-62b)

結構物左右兩側：$\dfrac{\partial \phi^1}{\partial n} = 0$　　　　　　　　　　　(6-62c)

roll 運動：（結購物中心為轉動中心）

結構物上面：$\dfrac{\partial \phi^1}{\partial n} = i\omega(x - x_0)$　　　　　　　　(6-63a)

結構物下面：$\dfrac{\partial \phi^1}{\partial n} = -i\omega(x - x_0)$　　　　　　(6-63b)

結構物左側：$\dfrac{\partial \phi^1}{\partial n} = -i\omega(z - z_0)$　　　　　　(6-63c)

結構物右側：$\dfrac{\partial \phi^1}{\partial n} = i\omega(z - z_0)$　　　　　　(6-63d)

需要留意到，結構物表面法線方向為指向結構物內部為正。

　　同樣的，使用邊界元素法先對邊界給予順位號碼，三個問題分別如圖 6-19~圖 6-21 所示。

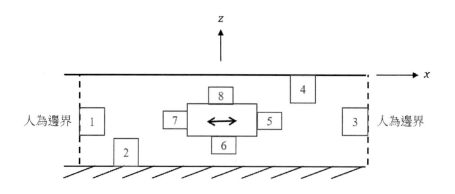

圖 6-19　結構物 surge 運動邊界號碼示意圖

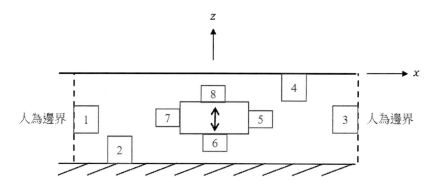

圖 6-20　結構物 heave 運動邊界號碼示意圖

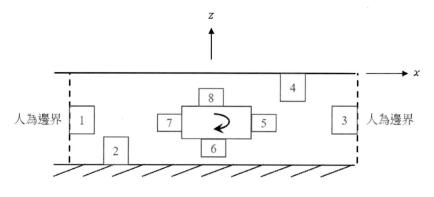

圖 6-21　結構物 roll 運動邊界號碼示意圖

依據圖 6-19，則結構物 surge 運動邊界元素法矩陣式可以寫出為：

$$[H_1 \quad H_2 \quad H_3 \quad H_4 \quad H_5 \quad H_6 \quad H_7 \quad H_8]\begin{Bmatrix} \phi_1 \\ \phi_2 \\ \phi_3 \\ \phi_4 \\ \phi_5 \\ \phi_6 \\ \phi_7 \\ \phi_8 \end{Bmatrix}$$

$$=[G_1 \quad G_2 \quad G_3 \quad G_4 \quad G_5 \quad G_6 \quad G_7 \quad G_8]\begin{Bmatrix} q_1 \\ q_2 \\ q_3 \\ q_4 \\ q_5 \\ q_6 \\ q_7 \\ q_8 \end{Bmatrix} \quad (6\text{-}64)$$

代入邊界條件（6-58）式~（6-60）式，以及（6-61）式，則（6-64）式改寫為：

$$
\left[H_1 - iKG_1 \quad H_2 \quad H_3 - iKG_3 \quad H_4 - \frac{\omega^2}{g}G_4 \quad H_5 \quad H_6 \quad H_7 \quad H_8 \right]_{8\times8} \begin{Bmatrix} \phi_1 \\ \phi_2 \\ \phi_3 \\ \phi_4 \\ \phi_5 \\ \phi_6 \\ \phi_7 \\ \phi_8 \end{Bmatrix}_{8\times1}
$$

$$
= \begin{bmatrix} G_5 & G_6 & G_7 & G_8 \end{bmatrix}_{8\times4} \begin{Bmatrix} i\omega \\ 0 \\ -i\omega \\ 0 \end{Bmatrix}_{4\times1}
$$

(6-65)

同樣的，結構物 heave 運動和 roll 運動則分別可寫為：

$$
\left[H_1 - iKG_1 \quad H_2 \quad H_3 - iKG_3 \quad H_4 - \frac{\omega^2}{g}G_4 \quad H_5 \quad H_6 \quad H_7 \quad H_8 \right]_{8\times8} \begin{Bmatrix} \phi_1 \\ \phi_2 \\ \phi_3 \\ \phi_4 \\ \phi_5 \\ \phi_6 \\ \phi_7 \\ \phi_8 \end{Bmatrix}_{8\times1}
$$

$$
= \begin{bmatrix} G_5 & G_6 & G_7 & G_8 \end{bmatrix}_{8\times4} \begin{Bmatrix} 0 \\ -i\omega \\ 0 \\ i\omega \end{Bmatrix}_{4\times1}
$$

(6-66)

$$\left[H_1 - iKG_1 \quad H_2 \quad H_3 - iKG_3 \quad H_4 - \frac{\omega^2}{g}G_4 \quad H_5 \quad H_6 \quad H_7 \quad H_8 \right]_{8\times8} \begin{Bmatrix} \phi_1 \\ \phi_2 \\ \phi_3 \\ \phi_4 \\ \phi_5 \\ \phi_6 \\ \phi_7 \\ \phi_8 \end{Bmatrix}_{8\times1}$$

$$= \begin{bmatrix} G_5 & G_6 & G_7 & G_8 \end{bmatrix}_{8\times4} \begin{Bmatrix} i\omega(z-z_0) \\ -i\omega(x-x_0) \\ -i\omega(z-z_0) \\ i\omega(x-x_0) \end{Bmatrix}_{4\times1}$$

(6-67)

分別利用上述（6-65）～（6-67）式求解矩陣，則可得水中結構物分別作 surge, heave, roll 單位運動振幅的波浪場。

二維結構物三個自由度的運動方程式可以表示為：

$$[M]\begin{Bmatrix} \ddot{\xi}_1 \\ \ddot{\xi}_2 \\ \ddot{\xi}_3 \end{Bmatrix} = \begin{Bmatrix} f_1 \\ f_2 \\ f_3 \end{Bmatrix} + [T]$$

(6-68)

其中，$[M]$ 為結構物的質量矩陣可以寫為：

$$[M] = \begin{bmatrix} m & 0 & 0 \\ 0 & m & 0 \\ 0 & 0 & I_0 \end{bmatrix}$$

(6-69)

式中，m 為浮式結構物的質量、I_0 為對結構物中心點的慣性力矩。（6-68）式等號右邊第一項代表波浪場作用在浮式結構物上的波浪作用力，第二項則為錨碇彈簧的回復力（restoring force）。彈簧回復力依據圖 6-15 的幾何配置可以寫出為：

$$[T] = \begin{bmatrix} T_{xx} & T_{xz} & T_{x\theta} \\ T_{zx} & T_{zz} & T_{z\theta} \\ T_{\theta x} & T_{\theta z} & T_{\theta\theta} \end{bmatrix} \tag{6-70}$$

式中，

$$T_{xx} = -2K_s \cos^2\theta \cdot \xi_1 \tag{6-71a}$$

$$T_{x\theta} = -2K_s \left(\frac{h-d_1-d_2}{2} \cos^2\theta - \ell\cos\theta\sin\theta \right) \cdot \xi_3 \tag{6-71b}$$

$$T_{zz} = -2K_s \sin^2\theta \cdot \xi_2 \tag{6-71c}$$

$$T_{\theta x} = -2K_s \left(\frac{h-d_1-d_2}{2} \cos^2\theta - \ell\cos\theta\sin\theta \right) \cdot \xi_1 \tag{6-71d}$$

$$T_{\theta\theta} = -2K_s \left(\frac{h-d_1-d_2}{2} \cos\theta - \ell\sin\theta \right)^2 \cdot \xi_3 \tag{6-71e}$$

$$T_{xz} = T_{zx} = T_{z\theta} = T_{\theta z} = 0 \tag{6-71f}$$

波浪場作用在浮式結構物的作用力，需要利用到已知入射波 ϕ^I、利用邊界元法計算出的散射波 ϕ^D、以及單位振幅輻射波 ϕ^j, $j = 1, 2, 3$。三個方向的波力表示式可以寫出為：

$$\begin{aligned} f_1 = &-i\omega\rho \cdot e^{-i\omega t} \\ &\cdot \left\{ \int_{-h+d_2}^{-d_1} \left[\left. \left(\phi^I + \phi^D \right) \right|_{x=-\ell} - \left. \phi^D \right|_{x=\ell} \right] dz \right. \\ &+ s_1 \int_{-h+d_2}^{-d_1} \left[\left. \phi^1 \right|_{x=-\ell} - \left. \phi^1 \right|_{x=\ell} \right] dz \\ &\left. + s_3 \int_{-h+d_2}^{-d_1} \left[\left. \phi^3 \right|_{x=-\ell} - \left. \phi^3 \right|_{x=\ell} \right] dz \right\} \end{aligned} \tag{6-72}$$

$$f_2 = -i\omega\rho \cdot e^{-i\omega t}$$

$$\cdot \left\{ \int_{-\ell}^{\ell} \left[\phi^D \Big|_{z=-h+d_2} - \phi^D \Big|_{x=-d_1} \right] dx \right. \tag{6-73}$$

$$\left. + s_2 \cdot \int_{-\ell}^{\ell} \left[\phi^2 \Big|_{z=-h+d_2} - \phi^2 \Big|_{x=-d_1} \right] dx \right\}$$

$$f_3 = -i\omega\rho \cdot e^{-i\omega t}$$

$$\cdot \left\{ \int_{-h+d_2}^{-d_1} (z-z_0) \left[\left(\phi^I + \varphi^D \right) \Big|_{x=-\ell} - \phi^D \Big|_{x=\ell} \right] dz \right.$$

$$- \int_{-\ell}^{\ell} x \left[\phi^D \Big|_{z=-h+d_2} - \phi^D \Big|_{x=-d_1} \right] dx$$

$$+ s_1 \int_{-h+d_2}^{-d_1} (z-z_0) \left[\phi^1 \Big|_{x=-\ell} - \phi^1 \Big|_{x=\ell} \right] dz \tag{6-74}$$

$$- s_1 \int_{-\ell}^{\ell} x \left[\phi^1 \Big|_{z=-h+d_2} - \phi^1 \Big|_{x=-d_1} \right] dx$$

$$+ s_3 \int_{-h+d_2}^{-d_1} (z-z_0) \left[\phi^3 \Big|_{x=-\ell} - \phi^3 \Big|_{x=\ell} \right] dz$$

$$\left. - s_3 \cdot \int_{-\ell}^{\ell} x \left[\phi^3 \Big|_{z=-h+d_2} - \phi^3 \Big|_{x=-d_1} \right] dx \right\}$$

利用繫留彈簧的回復力（6-70）式，以及波浪作用力（6-72）～（6-74）式，則結構物運動方程式可以整理得到

$$\{s\} = \frac{-i\omega\rho \left\{ f^D \right\} + [T]}{\left(-\omega^2 [M] + i\omega\rho [G] \right)} \tag{6-75}$$

式中，$\left\{ f^D \right\}$ 代表散射波計算出來的波力；$[G]$ 則為輻射波計算出來的波力。

（6-57）式計算出浮式結構物的運動振幅，藉此則可以計算結構物三個自由度的輻射造波勢函數。至此，整個波浪和水中浮式結構物互相作用問題已經完全求解。利用散射波浪和輻射波浪，則整個波浪場完全決定，也可以進一步計算波浪的反射率和透過率。

　　利用前述的求解，考慮 $d_1/h = 0.2,\ d_2/h = 0.2,\ \ell/h = 0.25$，計算得到的反射率 K_r、透過率 K_t、以及能量守恆 $K_r^2 + K_t^2$，如圖 6-20 所示。由結果顯示，由於所求解問題的系統中沒有能量損失，因此，滿足能量守恆可以初步說明計算結果的正確性。

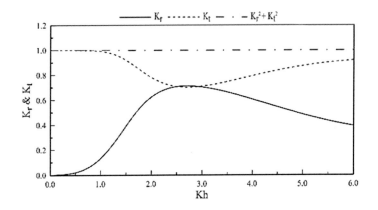

圖 6-20　波浪和浮式結構物作用反射率和透過率

6.5　波浪與可變形結構物互制

　　所考慮的問題如圖 6-21 所示，等水深 h，樑在 $x = 0$ 位置，座標原點在靜水面。入射波由右方進入問題領域，由於結構物的存在，將產生反射波；而由於結構物的變形運動，在結構物後方也會有透過波。入射波的勢函數 $\Phi^I(x, z, t)$ 可以寫出為：

$$\Phi^I = -\frac{Hg}{2\omega}\frac{\cosh K(z+h)}{\cosh Kh}e^{-i(Kx+\omega t)} \tag{6-76}$$

式中，H 為入射波波高，g 為重力加速度，$\omega = 2\pi/T$ 為波浪角頻率，T 為週期，K 為週波數。

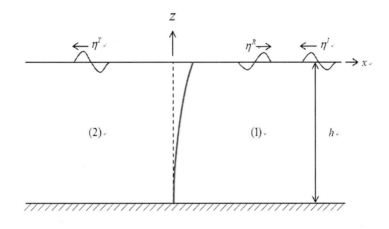

圖 6-21　波浪和可變形結構互制示意圖

　　結構物前方定為第(1)區，有入射波以及產生的反射波，反射波浪往 $+x$ 方向傳遞；結構物後方定為第(2)區，有產生的透過波，透過波浪往 $-x$ 方向傳遞。有關波浪的邊界值問題在前面章節都有提到，在此則不再敘述。可變形不透水結構物，就變形對波浪影響的特性來看，可以使用橈曲性樑（flexure beam）理論來描述，其運動方程式可以表示為：

$$m\frac{\partial^2 U}{\partial t^2} + EI\frac{\partial^4 U}{\partial z^4} = P(z,t) \qquad (6\text{-}77)$$

式中，EI 為結構物的橈曲剛度，U 為結構物的位移，m 為每單位長度的質量。等號右邊為單位長度作用力，可由結構物前後波浪壓力計算，表示為：

$$P(z,t) = \rho\left[-\frac{\partial}{\partial t}(\Phi_1) + \frac{\partial}{\partial t}(\Phi_2)\right]_{x=0} \qquad (6\text{-}78)$$

式中，第(1)區的波浪包括有入射波和反射波，第(2)區則只有透過波。

結構物運動方程式所需要的邊界條件為，樑底部固定不動位移為零，以及固定端樑斜率為零。

$$U(z,t) = 0, \quad z = -h \qquad (6\text{-}79a)$$

$$\frac{\partial U(z,t)}{\partial z} = 0, \quad z = -h \qquad (6\text{-}79b)$$

而在結構物頂端為自由端，其剪力與彎矩為零，

$$\frac{\partial^3 U(z,t)}{\partial z^3} = 0, \quad z = 0 \qquad (6\text{-}80a)$$

$$\frac{\partial^4 U(z,t)}{\partial z^4} = 0, \quad z = 0 \qquad (6\text{-}80b)$$

另外，在結構物和波浪場交界面，或者說在結構物前後兩側的表面，需要有速度連續條件，即，不透水可變形結構物表面的速度相等條件：

$$\frac{\partial U}{\partial t} = -\frac{\partial(\Phi^I + \Phi^R)}{\partial x}, \quad x = 0^+ \qquad (6\text{-}81)$$

$$\frac{\partial U}{\partial t} = -\frac{\partial \Phi^T}{\partial x}, \quad x = 0^- \qquad (6\text{-}82)$$

在此，結構物的厚度忽略不考慮。

　　若考慮穩定週期性問題，可將問題之時間項提出來：

$$U(z,t) = u(z)e^{-i\omega t} \tag{6-83a}$$

$$\Phi^R(x,z,t) = \phi^R(x,z)e^{-i\omega t} \tag{6-83b}$$

$$\Phi^T(x,z,t) = \phi^T(x,z)e^{-i\omega t} \tag{6-83c}$$

則上述結構物方程式（6-77）式，以及表面條件（6-81）～（6-82）式，可以改寫為：

$$-\omega^2 mu + EI\frac{d^4u}{dz^4} = -i\omega\rho(-\phi^I - \phi^R + \phi^T) \quad , \quad x = 0 \tag{6-84}$$

$$i\omega u = \frac{\partial(\phi^I + \phi^R)}{\partial x} \quad , \quad x = 0^+ \tag{6-85}$$

$$i\omega u = \frac{\partial\phi^T}{\partial x} \quad , \quad x = 0^- \tag{6-86}$$

（6-84）式之形式包含四次微分項以及不微分項，直接使用來求解並不容易。仿照 Tanaka and Hudspeth (1988) 之作法，將第一項不微分項利用結構物表面交界條件代換掉，讓式子成為單純的四次微分式，則可以利用現有求解方法順利求解。如此，將（6-84）式等號左邊第一項利用（6-86）式代換並移到等號右邊成為：

$$EI\frac{d^4u}{dz^4} = f \quad , \quad x = 0 \tag{6-87a}$$

$$f = -i\omega\rho(-\phi^I - \phi^R + \phi^T) - i\omega m(\frac{\partial\phi^T}{\partial x}) \quad , \quad x = 0 \tag{6-87b}$$

（6-87）式轉成為對 z 的四次常微分方程式，無論理論解析或數值求解都可以順利進行。留意到，我們使用結構物後方的交界條件作代換，理論上，結構物前方的交界條件也可以利用，不過，式子項數多一些而已。另外，變形樑在此為使用有限元素法求解，有限元素法應用在

樑問題的介紹可參考 Reddy (1993)，或者本書作者所著"有限元素法
輕鬆上手（2020）"，這裡僅列必要的式子。

典型樑元素 $x^e \sim x^{e+1}$，有限元素矩陣式可表出為：

$$\sum_{j=1}^{4} K_{ij}^e u_j^e = F_i^e, \quad i = 1, 2, 3, 4 \tag{6-88}$$

式中元素勁度矩陣和外力項分別為：

$$K_{ij}^e = \int_{x_e}^{x_{e+1}} EI \frac{d^2\phi_i^e}{dx^2} \frac{d^2\phi_j^e}{dx^2} dx \tag{6-89}$$

$$F_i^e = \int_{x_e}^{x_{e+1}} \phi_i^e f dx - Q_i^e \tag{6-90}$$

其中，f 為分佈外力如（6-87b）所示，Q_i^e 為節點上的集中力或力矩。
$\phi_j^e, j = 1, 2, 3, 4$ 為形狀函數，定義座標 $0 \le \bar{x} \le h_e$，則節點 1 座標 $\bar{x} = 0$，
節點 2 座標 $\bar{x} = h_e$，狀函數可表出為：

$$\phi_1^e = 1 - 3\left(\frac{\bar{x}}{h_e}\right)^2 + 2\left(\frac{\bar{x}}{h_e}\right)^3 \tag{6-91a}$$

$$\phi_2^e = -\bar{x}\left(1 - \frac{\bar{x}}{h_e}\right)^2 \tag{6-91b}$$

$$\phi_3^e = 3\left(\frac{\bar{x}}{h_e}\right)^2 - 2\left(\frac{\bar{x}}{h_e}\right)^3 \tag{6-91c}$$

$$\phi_4^e = -\bar{x}\left[\left(\frac{\bar{x}}{h_e}\right)^2 - \frac{\bar{x}}{h_e}\right] \tag{6-91d}$$

形狀函數的分佈型態如圖 6-23 所示。

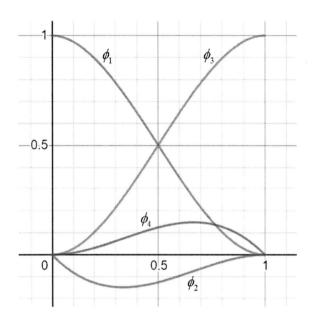

圖 6-23　樑元素形狀函數($h_e = 1$)

（6-88）式展開寫成矩陣式則為：

$$
\begin{bmatrix}
K_{11}^e & K_{12}^e & K_{13}^e & K_{14}^e \\
K_{21}^e & K_{22}^e & K_{23}^e & K_{24}^e \\
K_{31}^e & K_{32}^e & K_{33}^e & K_{34}^e \\
K_{41}^e & K_{42}^e & K_{43}^e & K_{44}^e
\end{bmatrix}
\begin{Bmatrix}
u_1^e \\ u_2^e \\ u_3^e \\ u_4^e
\end{Bmatrix}
=
\begin{Bmatrix}
f_1^e \\ f_2^e \\ f_3^e \\ f_4^e
\end{Bmatrix}
+
\begin{Bmatrix}
Q_1^e \\ Q_2^e \\ Q_3^e \\ Q_4^e
\end{Bmatrix}
\tag{6-92}
$$

　　利用邊界元素法求解結構物前後波浪場，仍然需要利用人為邊界條件劃定有限的計算領域，如圖 6-24 所示。第(1)區求解反射波，設定人為邊界以及輻射邊界條件，讓反射波通過。第(2)區求解透過波，設定人為邊界及輻射邊界條件，讓透過波通過。人為邊界的擇定也分別讓第(1)區和第(2)區成為有限領域。

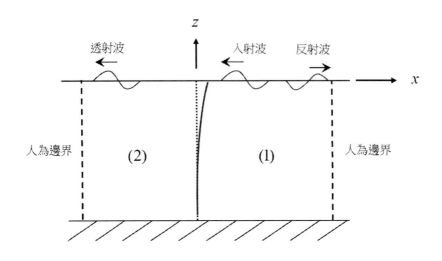

圖 6-24　人為邊界設定示意圖

人為邊界上的輻射條件可寫為：

$$\frac{\partial \phi}{\partial n} = iK\phi \qquad\qquad (6\text{-}93)$$

接下來可以進行問題的求解。為清楚說明波浪邊界元素模式和可
變形樑有限元素模式互制問題的計算，以下先以較少元素的選用進行
說明，元素的配置如圖 6-25 所示。樑取兩個元素，而對應的在樑的邊
界上波浪場也取兩個元素。在其他波浪場邊界上則分別取一個元素。
如此則在第(1)區邊界取 1~5 元素，而在第(2)區邊界取 6~10 元素。

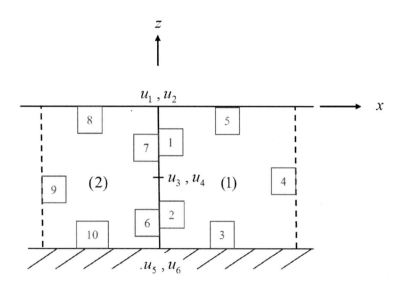

圖 6-25　較少元素配置示意圖

第(1)區波浪場邊界元素矩陣式可寫為：

$$
[H]\begin{Bmatrix} \phi_1^1 \\ \phi_2^1 \\ \phi_3^1 \\ \phi_4^1 \\ \phi_5^1 \end{Bmatrix} = [G]\begin{Bmatrix} q_1^1 \\ q_2^1 \\ q_3^1 \\ q_4^1 \\ q_5^1 \end{Bmatrix} \tag{6-94}
$$

代入波浪場邊界條件，調整未知數可得：

$$
\left[H_1 \quad H_2 \quad H_3 \quad H_4 - iKG_4 \quad H_5 - \frac{\omega^2}{g}G_5 \right] \begin{Bmatrix} \phi_1^1 \\ \phi_2^1 \\ \phi_3^1 \\ \phi_4^1 \\ \phi_5^1 \end{Bmatrix} = \begin{bmatrix} G_1 & G_2 \end{bmatrix} \begin{Bmatrix} q_1^1 \\ q_2^1 \end{Bmatrix} \tag{6-95}
$$

第(2)區波浪場邊界元素矩陣式可寫為：

$$[H]\begin{Bmatrix}\phi_6^2\\\phi_7^2\\\phi_8^2\\\phi_9^2\\\phi_{10}^2\end{Bmatrix}=[G]\begin{Bmatrix}q_6^2\\q_7^2\\q_8^2\\q_9^2\\q_{10}^2\end{Bmatrix}\tag{6-96}$$

代入波浪場邊界條件，調整未知數可得：

$$\begin{bmatrix}H_6 & H_7 & H_8-\dfrac{\omega^2}{g}G_8 & H_9-iKG_9 & H_{10}\end{bmatrix}\begin{Bmatrix}\phi_6^2\\\phi_7^2\\\phi_8^2\\\phi_9^2\\\phi_{10}^2\end{Bmatrix}=\begin{bmatrix}G_6 & G_7\end{bmatrix}\begin{Bmatrix}q_6^2\\q_7^2\end{Bmatrix}\tag{6-97}$$

求解波浪場矩陣式（6-95）式和（6-97）式當中結構邊界條件尚未代入。在處理上這裡使用：

$$q_1^1==\frac{\partial\phi_1^I}{\partial x}-i\omega\left(\frac{u_1+u_3}{2}\right)\tag{6-98a}$$

$$q_2^1==\frac{\partial\phi_2^I}{\partial x}-i\omega\left(\frac{u_3+u_5}{2}\right)\tag{6-98b}$$

由於樑有限元素節點定義在元素端點，而波浪邊界元素使用常數元素，元素節點定義在元素中間點，這裡使用簡單的平均值概念，因此得到（6-93）式。同樣的，

$$q_6^2=i\omega\left(\frac{u_3+u_5}{2}\right)\tag{6-99a}$$

$$q_7^2=i\omega\left(\frac{u_1+u_3}{2}\right)\tag{6-99b}$$

留意到，波浪場第(2)區不含有入射波表示式。利用（6-98）~（6-99）式分別代入（6-95）式和（6-97）式，可得：

$$
\begin{bmatrix} H_1 & H_2 & H_3 & H_4 - iKG_4 & H_5 - \dfrac{\omega^2}{g}G_5 \end{bmatrix}
\begin{Bmatrix} \phi_1^1 \\ \phi_2^1 \\ \phi_3^1 \\ \phi_4^1 \\ \phi_5^1 \end{Bmatrix}
\tag{6-100}
$$

$$
= \begin{bmatrix} G_1 & G_2 \end{bmatrix}
\begin{Bmatrix} \dfrac{\partial \phi_1^I}{\partial x} - i\omega\left(\dfrac{u_1 + u_3}{2}\right) \\[2mm] \dfrac{\partial \phi_1^I}{\partial x} - i\omega\left(\dfrac{u_3 + u_5}{2}\right) \end{Bmatrix}
$$

$$
\begin{bmatrix} H_6 & H_7 & H_8 - \dfrac{\omega^2}{g}G_8 & H_9 - iKG_9 & H_{10} \end{bmatrix}
\begin{Bmatrix} \phi_6^2 \\ \phi_7^2 \\ \phi_8^2 \\ \phi_9^2 \\ \phi_{10}^2 \end{Bmatrix}
\tag{6-101}
$$

$$
= \begin{bmatrix} G_6 & G_7 \end{bmatrix}
\begin{Bmatrix} i\omega\left(\dfrac{u_3 + u_5}{2}\right) \\[2mm] i\omega\left(\dfrac{u_1 + u_3}{2}\right) \end{Bmatrix}
$$

至於取兩個元素的樑，則由兩個元素的矩陣式相加得到。單一樑元素有限元素矩陣（元素長度 h），勁度和外力矩陣可以表出為：

$$
\begin{bmatrix} K^e \end{bmatrix} = \frac{2EI}{h_e^3}
\begin{bmatrix}
6 & -3h_e & -6 & -3h_e \\
-3h_e & 2h_e^2 & 3h_e & h_e^2 \\
-6 & 3h_e & 6 & 3h_e \\
-3h_e & h_e^2 & 3h_e & 2h_e^2
\end{bmatrix}
\tag{6-102}
$$

$$\{F^e\} = \begin{Bmatrix} \dfrac{6}{12}fh_e \\[8pt] \dfrac{fh_e}{12}(-h_e) \\[8pt] \dfrac{6}{12}fh_e \\[8pt] \dfrac{fh_e}{12}(h_e) \end{Bmatrix} + \begin{Bmatrix} Q_1^e \\[4pt] Q_2^e \\[4pt] Q_3^e \\[4pt] Q_4^e \end{Bmatrix} \tag{6-103}$$

由於兩個元素長度相同，且均勻分佈外力相同，因此，勁度和外力矩陣也相同。

　　將兩個元素的勁度和外力矩陣組合成為整個問題的勁度和外力矩陣。（元素節點變數如圖 6-26 所示。元素有兩個節點，節點必要變數為 u_i^e，自然變數則為 Q_i^e，右上標代表元素個數，右下標代表第 i 個自由度。）

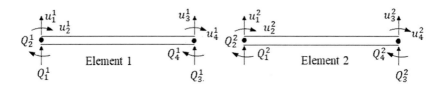

圖 6-26　樑兩個元素節點變數定義圖

整個樑節點變數定義如圖 6-27 所示，整個樑共 3 個節點，U_i 代表節點的變數。由圖 6-26 和圖 6-27 來看，可知元素變數和整個問題變數間的關係。

$$u_1^1 = u_1, \quad u_2^1 = u_2 \tag{6-104a}$$

$$u_3^1 = u_1^2 = u_3, \quad u_4^1 = u_2^2 = u_4 \tag{6-104b}$$

$$u_3^2 = u_5, \quad u_4^2 = u_6 \tag{6-104c}$$

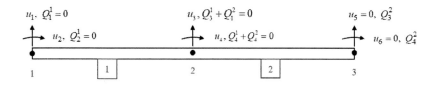

圖 6-27 整個樑節點變數定義圖

整個樑兩個元素相加勁度矩陣可得：

$$[K] = \begin{bmatrix} K_{11}^1 & K_{12}^1 & K_{13}^1 & K_{14}^1 & & \\ K_{21}^e & K_{22}^1 & K_{23}^1 & K_{24}^1 & & \\ K_{31}^1 & K_{32}^1 & K_{33}^1 + K_{11}^2 & K_{34}^1 + K_{12}^2 & K_{13}^2 & K_{14}^2 \\ K_{41}^1 & K_{42}^1 & K_{43}^1 + K_{21}^2 & K_{44}^1 + K_{22}^2 & K_{23}^2 & K_{24}^2 \\ & & K_{31}^2 & K_{32}^2 & K_{33}^2 & K_{34}^2 \\ & & K_{41}^2 & K_{42}^2 & K_{43}^2 & K_{44}^2 \end{bmatrix} \tag{6-105}$$

留意到 $K_{33} = K_{33}^1 + K_{11}^2$，$K_{34} = K_{34}^1 + K_{12}^2$，$K_{43} = K_{43}^1 + K_{21}^2$，$K_{44} = K_{44}^1 + K_{22}^2$。
同樣的，兩個元素的外力項加在一起，可得：

$$\{F\} = \begin{Bmatrix} F_1^1 \\ F_2^1 \\ F_3^1 + F_1^2 \\ F_4^1 + F_2^2 \\ F_3^2 \\ F_4^2 \end{Bmatrix} \tag{6-106}$$

若將單一元素表示式（6-102）式和（6-103）式代入（6-105）式（6-106）式，則整個樑的矩陣方程式成為：

$$
\frac{2EI}{h_e^3}
\begin{bmatrix}
6 & -3h_e & -6 & -3h_e & 0 & 0 \\
-3h_e & 2h_e^2 & 3h_e & h_e^2 & 0 & 0 \\
-6 & 3h_e & 6+6 & 3h_e-3h_e & -6 & -3h_e \\
-3h_e & h_e^2 & 3h_e-3h_e & 2h_e^2+2h_e^2 & 3h_e & h_e^2 \\
0 & 0 & -6 & 3h_e & 6 & 3h_e \\
0 & 0 & -3h_e & h_e^2 & 3h_e & 2h_e^2
\end{bmatrix}
\begin{Bmatrix}
u_1 \\ u_2 \\ u_3 \\ u_4 \\ u_5 \\ u_6
\end{Bmatrix}
$$

$$
=
\begin{Bmatrix}
\dfrac{f^1 h_e}{12}(6) \\[2mm]
\dfrac{f^1 h_e}{12}(-h_e) \\[2mm]
\dfrac{f^1 h_e}{12}(6)+\dfrac{f^2 h_e}{12}(6) \\[2mm]
\dfrac{f^1 h_e}{12}(h_e)+\dfrac{f^2 h_e}{12}(-h_e) \\[2mm]
\dfrac{f^2 h_e}{12}(6) \\[2mm]
\dfrac{f^2 h_e}{12}(h_e)
\end{Bmatrix}
+
\begin{Bmatrix}
Q_1^1 \\ Q_2^1 \\ Q_3^1+Q_1^2 \\ Q_4^1+Q_2^2 \\ Q_3^2 \\ Q_4^2
\end{Bmatrix}
\qquad (6\text{-}107)
$$

（6-107）式等號右邊第一項中，由（6-92b）式配合元素的位置可寫為：

$$
f^1 = -i\omega\rho(-\phi^I - \phi_1^1 + \phi_7^2) - i\omega m q_7^2 \qquad (6\text{-}108)
$$

$$
f^2 = -i\omega\rho(-\phi^I - \phi_2^1 + \phi_6^2) - i\omega m q_6^2 \qquad (6\text{-}109)
$$

將（6-108）式和（6-109）式代入（6-107）式可得：

$$
\frac{2EI}{h_e^3}
\begin{bmatrix}
6 & -3h_e & -6 & -3h_e & 0 & 0 \\
-3h_e & 2h_e^2 & 3h_e & h_e^2 & 0 & 0 \\
-6 & 3h_e & 6+6 & 3h_e-3h_e & -6 & -3h_e \\
-3h_e & h_e^2 & 3h_e-3h_e & 2h_e^2+2h_e^2 & 3h_e & h_e^2 \\
0 & 0 & -6 & 3h_e & 6 & 3h_e \\
0 & 0 & -3h_e & h_e^2 & 3h_e & 2h_e^2
\end{bmatrix}
\begin{Bmatrix}
u_1 \\ u_2 \\ u_3 \\ u_4 \\ u_5 \\ u_6
\end{Bmatrix}
$$

$$
=
\begin{Bmatrix}
[-i\omega\rho(-\phi^I-\phi_1^1+\phi_7^2)-i\omega m q_7^2]\dfrac{h_e}{2} \\[2mm]
[-i\omega\rho(-\phi^I-\phi_1^1+\phi_7^2)-i\omega m q_7^2]\dfrac{-h_e^2}{12} \\[2mm]
[-i\omega\rho(-\phi^I-\phi_1^1+\phi_7^2)-i\omega m q_7^2]\dfrac{h_e}{2}+[-i\omega\rho(-\phi^I-\phi_2^1+\phi_6^2)-i\omega m q_6^2]\dfrac{h_e}{2} \\[2mm]
[-i\omega\rho(-\phi^I-\phi_1^1+\phi_7^2)-i\omega m q_7^2]\dfrac{h_e^2}{12}+[-i\omega\rho(-\phi^I-\phi_2^1+\phi_6^2)-i\omega m q_6^2]\dfrac{-h_e^2}{12} \\[2mm]
[-i\omega\rho(-\phi^I-\phi_2^1+\phi_6^2)-i\omega m q_6^2]\dfrac{h_e}{2} \\[2mm]
[-i\omega\rho(-\phi^I-\phi_2^1+\phi_6^2)-i\omega m q_6^2]\dfrac{h_e^2}{12}
\end{Bmatrix}
$$

$$
+
\begin{Bmatrix}
Q_1^1 \\
Q_2^1 \\
Q_3^1+Q_1^2 \\
Q_4^1+Q_2^2 \\
Q_3^2 \\
Q_4^2
\end{Bmatrix}
$$

$$(6\text{-}110)$$

另外，由於作用於樑的沒有集中力和力矩，$Q_3^1+Q_1^2=0$，$Q_4^1+Q_2^2=0$；樑的頂端為自由端（free end），因此，$Q_1^1=0$，$Q_2^1=0$；樑的底部為固定端（fixed end），因此，位移和斜率均為零，$u_5=0$，$u_6=0$。至此，則對於整個問題的求解需要將（6-100）式、（6-101）式、（6-110）式三個矩陣式重新排列，將要求解的未知數移到等號左邊表示為：

$$\begin{bmatrix} H_1 & H_2 & H_3 & H_4 - iKG_4 & H_5 - \dfrac{\omega^2}{g}G_5 \end{bmatrix} \begin{Bmatrix} \phi_1^1 \\ \phi_2^1 \\ \phi_3^1 \\ \phi_4^1 \\ \phi_5^1 \end{Bmatrix} + \begin{bmatrix} G_1 & G_2 \end{bmatrix} \begin{Bmatrix} i\omega\left(\dfrac{u_1 + u_3}{2}\right) \\ i\omega\left(\dfrac{u_3 + u_5}{2}\right) \end{Bmatrix}$$

$$= \begin{bmatrix} G_1 & G_2 \end{bmatrix} \begin{Bmatrix} \dfrac{\partial \phi_1^I}{\partial x} \\ \dfrac{\partial \phi_1^I}{\partial x} \end{Bmatrix}$$

(6-111)

$$\begin{bmatrix} H_6 & H_7 & H_8 - \dfrac{\omega^2}{g}G_8 & H_9 - iKG_9 & H_{10} \end{bmatrix} \begin{Bmatrix} \phi_6^2 \\ \phi_7^2 \\ \phi_8^2 \\ \phi_9^2 \\ \phi_{10}^2 \end{Bmatrix} - \begin{bmatrix} G_6 & G_7 \end{bmatrix} \begin{Bmatrix} i\omega\left(\dfrac{u_3 + u_5}{2}\right) \\ i\omega\left(\dfrac{u_1 + u_3}{2}\right) \end{Bmatrix} = 0$$

(6-112)

$$\frac{2EI}{h_e^3}\begin{bmatrix} 6 & -3h_e & -6 & -3h_e & 0 & 0 \\ -3h_e & 2h_e^2 & 3h_e & h_e^2 & 0 & 0 \\ -6 & 3h_e & 6+6 & 3h_e-3h_e & -6 & -3h_e \\ -3h_e & h_e^2 & 3h_e-3h_e & 2h_e^2+2h_e^2 & 3h_e & h_e^2 \\ 0 & 0 & -6 & 3h_e & 6 & 3h_e \\ 0 & 0 & -3h_e & h_e^2 & 3h_e & 2h_e^2 \end{bmatrix}\begin{Bmatrix} u_1 \\ u_2 \\ u_3 \\ u_4 \\ 0 \\ 0 \end{Bmatrix}$$

$$-\begin{Bmatrix} [-i\omega\rho(-\phi_1^1+\phi_7^2)-i\omega mq_7^2]\dfrac{h_e}{2} \\[2mm] [-i\omega\rho(-\phi_1^1+\phi_7^2)-i\omega mq_7^2]\dfrac{-h_e^2}{12} \\[2mm] [-i\omega\rho(-\phi_1^1+\phi_7^2)-i\omega mq_7^2]\dfrac{h_e}{2}+[-i\omega\rho(-\phi_2^1+\phi_6^2)-i\omega mq_6^2]\dfrac{h_e}{2} \\[2mm] [-i\omega\rho(-\phi_1^1+\phi_7^2)-i\omega mq_7^2]\dfrac{h_e^2}{12}+[-i\omega\rho(-\phi_2^1+\phi_6^2)-i\omega mq_6^2]\dfrac{-h_e^2}{12} \\[2mm] [-i\omega\rho(-\phi_2^1+\phi_6^2)-i\omega mq_6^2]\dfrac{h_e}{2} \\[2mm] [-i\omega\rho(-\phi_2^1+\phi_6^2)-i\omega mq_6^2]\dfrac{h_e^2}{12} \end{Bmatrix}$$

$$\begin{Bmatrix} [-i\omega\rho(-\phi^I)]\dfrac{h_e}{2} \\[2mm] [-i\omega\rho(-\phi^I)]\dfrac{-h_e^2}{12} \\[2mm] [-i\omega\rho(-\phi^I)]\dfrac{h_e}{2}+[-i\omega\rho(-\phi^I)]\dfrac{h_e}{2} \\[2mm] [-i\omega\rho(-\phi^I)]\dfrac{h_e^2}{12}+[-i\omega\rho(-\phi^I)]\dfrac{-h_e^2}{12} \\[2mm] [-i\omega\rho(-\phi^I)]\dfrac{h_e}{2} \\[2mm] [-i\omega\rho(-\phi^I)]\dfrac{h_e^2}{12} \end{Bmatrix}+\begin{Bmatrix} 0 \\ 0 \\ 0 \\ 0 \\ Q_3^2 \\ Q_4^2 \end{Bmatrix}$$

$$(6\text{-}113)$$

（6-113）式中第 5 和第 6 個方程式在此只為明確表出，在實際計算上可以去掉。在實際寫程式計算，需要將要求解兩區波浪場的變數以及樑的變數合併成一個矩陣，係數矩陣則需要對應排列，然後才求解。

另外，由（6-111）式~（6-113）式也可以看出，第(1)區波浪場矩陣式除了本身變數，拉上結構物變數；第(2)區波浪場矩陣式除了本身變數，也拉上結構物變數；而結構物矩陣則除了本身變數外，則拉上結構物邊界的第(1)和第(2)區波浪變數。若以矩陣示意表示則可寫出為：

$$
\begin{bmatrix} K_1^1 & K_2^1 & K_3^1 \end{bmatrix} \begin{Bmatrix} \phi_s^1 \\ \phi^1 \\ u \end{Bmatrix} = \begin{bmatrix} J^1 \end{bmatrix} \begin{Bmatrix} \dfrac{\partial \phi^I}{\partial x} \end{Bmatrix} \tag{6-114}
$$

$$
\begin{bmatrix} K_1^2 & K_2^2 & K_3^2 \end{bmatrix} \begin{Bmatrix} \phi_s^2 \\ \phi^2 \\ u \end{Bmatrix} = \{0\} \tag{6-115}
$$

$$
\begin{bmatrix} K_1^3 & K_2^3 & K_3^3 \end{bmatrix} \begin{Bmatrix} \phi_s^1 \\ \phi_s^2 \\ u \end{Bmatrix} = \begin{bmatrix} J^3 \end{bmatrix} \begin{Bmatrix} \dfrac{\partial \phi^I}{\partial x} \end{Bmatrix} \tag{6-116}
$$

（6-114）式~（6-116）式三個式子可以合併起來成為：

$$
\begin{bmatrix} K_1^1 & K_2^1 & 0 & 0 & K_3^1 \\ 0 & 0 & K_1^2 & K_2^2 & K_3^2 \\ K_1^3 & 0 & K_2^3 & 0 & K_3^3 \end{bmatrix} \begin{Bmatrix} \phi_s^1 \\ \phi^1 \\ \phi_s^2 \\ \phi^2 \\ u \end{Bmatrix} = \begin{Bmatrix} \begin{bmatrix} J^1 \end{bmatrix} \begin{Bmatrix} \dfrac{\partial \phi^I}{\partial x} \end{Bmatrix} \\ [0] \\ \begin{bmatrix} J^3 \end{bmatrix} \begin{Bmatrix} \dfrac{\partial \phi^I}{\partial x} \end{Bmatrix} \end{Bmatrix} \tag{6-117}
$$

求解（6-117）式則完成可變形樑和波互相作用的問題。以上為考慮樑只有兩個元素的詳細計算過程。在實際問題計算上，樑可以取 M 個元素，第(1)區波浪場可以取 N_1 個元素，而第(2)區波浪場可以取 N_2 個元素來求解。

　　在此仍要強調的，我們使用兩個樑的元素，說明波浪場邊界元素法求解的詳細過程。有關可變形樑和波浪互相作用的邊界元素法求解，通式的表示式可參考 Huang and Lee (2019)。

【參考文獻】

1. Reddy, J.N., An introduction to the finite element method, 2nd edition, McGraw-Hill, Inc., 1993.

2. Hsing-Yu Huang and Jaw-Fang Lee, Numerical Simulation of Wave Interaction with Deformable Plates, Engineering Analysis with Boundary Elements, 107, 142-148, 2019.

6.6　壩體滲流問題計算

　　對於滲流問題的計算，需要清楚滲流流場特性的描述。首先就是計算滲流速度的達西定律（Darcy's law），如圖 6-28 所示滲流試驗，已知左右兩側水頭，透水介質中的滲流速度可以表示為：

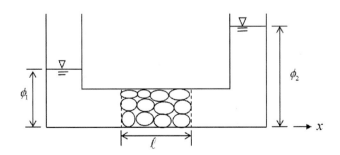

圖 6-28　滲流試驗圖

$$u = -k\frac{\partial \phi}{\partial x} = k\left(-\frac{\phi_2 - \phi_1}{\ell}\right) \qquad (6\text{-}118)$$

（6-118）式中，u 為流速、k 為介質滲透係數、ℓ 為介質長度。ϕ 為水頭高（piezometric head）定義為：

$$\phi = \frac{p}{\rho g} + z \qquad (6\text{-}119)$$

其中，p 為壓力、z 為高程。

考慮土壤上游水位往下游滲流的問題，如圖 6-29 所示，上游水位 h_1、下游水位 h_2。由於水位差，水流在壩體中將產生滲流面。

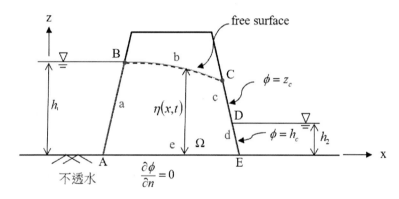

圖 6-29　土壤上游水位往下游滲流示意圖

相對於圖 6-29，邊界值問題可以寫出為：

　控制方程式：$\nabla^2 \phi = 0$ $\qquad (6\text{-}220)$

　AB 邊界條件：$\phi_a = h_1$ $\qquad (6\text{-}221)$

　CD 邊界條件：$\phi_c = z_c$ $\qquad (6\text{-}222)$

　DE 邊界條件：$\phi_d = h_2$ $\qquad (6\text{-}223)$

　AE 不透水邊界條件：$q_e = 0$ $\qquad (6\text{-}224)$

　在 BC 邊界：$F(x,z,t) = z - \eta(x,t) = 0$ $\qquad (6\text{-}225)$

運動邊界條件為：$-\dfrac{\partial \eta}{\partial t} - \dfrac{k}{\varepsilon}|\nabla F|\dfrac{\partial \phi}{\partial n} = 0$ （6-226）

動力邊界條件為：$\phi = \eta$ （6-227）

合併運動和動力邊界條件為：$-\dfrac{\partial \phi}{\partial t} - \dfrac{k}{\varepsilon}\sqrt{\left(\dfrac{\partial \eta}{\partial x}\right)^2 + 1}\,\dfrac{\partial \phi}{\partial n} = 0$ （6-228）

若定義 $\dfrac{\partial \eta}{\partial x} = -tan\beta$，則（6-228）可以改寫為：

$$-\dfrac{\partial \phi}{\partial t} - \dfrac{k}{\varepsilon}\dfrac{1}{\cos \beta}\dfrac{\partial \phi}{\partial n} = 0$$ （6-229）

利用邊界元素法，控制方程式（6-220）式可得矩陣式，寫為：

$$[H]\{\phi\} = [G]\{q\}$$ （6-230）

或展開寫為：

$$
\begin{bmatrix} H_a & H_b & H_c & H_d & H_e \end{bmatrix}
\begin{Bmatrix} \phi_a \\ \phi_b \\ \phi_c \\ \phi_d \\ \phi_e \end{Bmatrix}
=
\begin{bmatrix} G_a & G_b & G_c & G_d & G_e \end{bmatrix}
\begin{Bmatrix} q_a \\ q_b \\ q_c \\ q_d \\ q_e \end{Bmatrix}
$$ （6-231）

留意到，邊界條件（6-229）式含有時間的微分項，所考慮的問題與時間變化有關。在數值處理上，在此採用隱式法（implicit method），即所求解矩陣式計算在時間 $(n+1)\Delta t$。另一方面，（6-229）式寫成差分式為：

$$\dfrac{\phi_b^{n+1} - \phi_b^n}{\Delta t} = -\dfrac{k}{\varepsilon}\dfrac{1}{cos\beta}\left[\theta q_b^{n+1} + (1-\theta)q_b^n\right]$$ （6-232）

或整理為：

$$\phi_b^{n+1} = \phi_b^n - \frac{k}{\varepsilon}\frac{\Delta t}{cos\beta}\theta q_b^{n+1} - \frac{k}{\varepsilon}\frac{\Delta t}{cos\beta}(1-\theta)q_b^n \qquad (6\text{-}233)$$

式中，上標$(n+1)$和n表示時間的位置、θ為加權因子，表示前後時間量考慮的權重，若使用$\theta = 0.5$則為中值的平均概念。接著（6-231）式代入邊界條件（6-219）～（6-222）式，以及（6-233）式，可得表示式為：

$$\begin{bmatrix} G_a & \theta\dfrac{K}{\varepsilon}\dfrac{\Delta t}{cos\beta}H_b & G_c & G_d & H_e \end{bmatrix}\begin{pmatrix} q_a \\ q_b \\ q_c \\ q_d \\ \phi_e \end{pmatrix}$$

$$=\begin{bmatrix} H_a & H_b & H_c & H_d & -G_e \end{bmatrix}\begin{pmatrix} h_1 \\ \left\{\phi_b^n - (1-\theta)\dfrac{K}{\varepsilon}\dfrac{\Delta t}{cos\beta}q_b^n\right\} \\ z_c \\ h_2 \\ 0 \end{pmatrix} \qquad (6\text{-}234)$$

藉由（6-234）式，即可以利用n時間的物理量計算$(n+1)$時間的未知量。

對於這裡所說明壩體滲流問題的計算，由於一開始僅知道上下游水位，因此在計算上，可以假設上游水位水平延伸到下游面，當作起始條件。利用這樣的起始條件，使用壩體幾何條件以及上下游水位，配合線性邊界元素分佈，如圖 6-30 所示。使用時間間距$\Delta t = 0.01$，計算得到滲流水面線時間變化，如圖 6-31 所示。計算結果並與 Liggett and Liu (1983) 的結果比較，顯示由於起始條件的差異，滲流水面線的時間過程有差異，但是最終的位置則趨於一致。

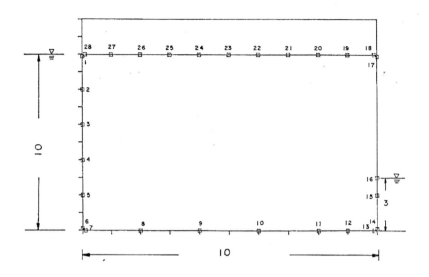

圖 6-30　壩體滲流問題線性邊界元素圖

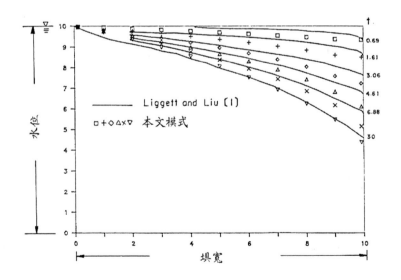

圖 6-31　壩體滲流水面線隨時間變化圖($\Delta t = 0.01$)

【參考文獻】

1. Liggett, J.A. and Liu, L-F., The Boundary Integral Equation Method for Porous Media Flow, John Wiley & Sons, Ltd., 1983.

2. Dean R.G. and Dalrymple, R.A, Water Wave Mechanics for Engineers and Scientists, World Scientific, 1984.

第七章 三維問題的邊界元素法計算

本章大綱

7.1 三維 Laplace 方程式邊界積分式

7.2 四邊形常數元素矩陣式

7.3 四邊形常數元素矩陣計算式

7.4 四邊形元素三維座標面積的表示式

7.5 三角形常數元素矩陣計算式

7.6 三角形元素三維座標面積的表示式

　　邊界元素法的優點之一就是僅在問題的邊界上面進行計算,二維問題的邊界為環繞二維領域的直線或曲線,變成為一維的問題;三維問題則成為在邊界上的二維的平面或曲面上計算,因此邊界元素法也稱為一種降低一個維度的方法。一般三維問題的數值模擬計算都是相當複雜且費時,在學術研究上,一般也都呈現模擬計算的結果,至於詳細計算過程,能夠有詳細介紹的非常少。既然邊界元素法計算三維問題變成為二維問題計算,三維問題的計算又是如此不容易,期望上本書的內容也應該包括有三維問題的內容。本書作者研究團隊曾經做過三維問題的計算,不過,最初的三維邊界元素法則來自黃材成教授的博士論文(Huang, 1988),在其博士論文中有詳細介紹二維和三維的邊界元素法原理,特別的在附錄中也有在學習上大家最需要的 Fortran 程式。讀者有興趣也可以參詳在那邊的內容。我這邊的內容也僅僅是以我個人對邊界元素法的理解和方式進行說明。

7.1 三維 Laplace 方程式邊界積分式

考慮控制方程式為 Laplace equation，邊界值問題可表示為：

$$\nabla^2 u(x,y,z) = 0 \quad \text{in} \quad \Omega \tag{7-1}$$

$$u(x,y,z) = \bar{u} \quad \text{on} \quad \Gamma_1 \tag{7-2}$$

$$q(x,y,z) = \bar{q} \quad \text{on} \quad \Gamma_2 \tag{7-3}$$

式中，Ω 為領域；Γ_1 和 Γ_2 分別為必要和自然邊界。$q = \dfrac{\partial u}{\partial n}$，$\vec{n}$ 為邊界的法線方向。需要留意的，所求解問題的座標定義在空間 (x,y,z)，如圖 7-1 所示，計算領域以立方體來表示。由前述二維問題邊界元素法的概念來看，我們需要定義基本解 Delta 函數所在位置 x^i，以及邊界上元素的位置 x_j。

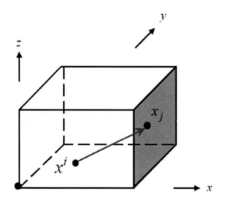

圖 7-1　三維領域空間示意圖

三維問題的邊界元素法原理可以說是二維問題的直接延伸，除了座標不同之外，以符號來看，計算式子可以說完全相同。詳細理論推導，讀者可以參考二維問題的加權殘差降階積分式。基本解定義為：

$$\nabla^2 u^* = -\Delta^i \tag{7-4}$$

邊界積分式可以寫出為：

$$-u^i - \int_\Gamma q^* \cdot u d\Gamma + \int_\Gamma u^* \cdot q d\Gamma = 0 \tag{7-5}$$

三維 Laplace 基本解：

由（7-4）式基本解的定義，可以求得三維 Laplace 方程式基本解。首先將（7-4）式等號右邊令為零，並改為球座標表示式：

$$\frac{1}{r}\frac{\partial}{\partial r}\left(r^2 \frac{\partial u^*}{\partial r} \right) = 0 \tag{7-6}$$

（7-6）式由積分可以很容易得到為：

$$u^* = \frac{A}{r} + B \tag{7-7}$$

留意到，所求的基本解為在空間中定義的位置 x^i 有個點源（point source），在空間其他位置感受到點源的效應。因此，當 $r \to \infty, u^* = 0$，利用這個條件則（7-7）式中的積分常數 $B = 0$，（7-7）式成為：

$$u^* = \frac{A}{r} \tag{7-8}$$

另外，由（7-4）式可另寫為：

$$\int \nabla^2 u^* d\Omega = -\int \Delta^i d\Omega = -1 \tag{7-9}$$

（7-9）式的討論方式為選一個圓心 x^i 半徑 $\varepsilon (\varepsilon \to 0)$ 的圓球，如圖 7-2 所示。接著，（7-9）式第一個積分式利用 divergence 定理改寫為面積分，而 $\vec{n}$ 方向即為 $\vec{r}$ 方向。另外，由於圓球半徑極小，因此，積分可以改為函數計算在圓心位置乘上圓球表面積，由此，（7-9）式改寫為：

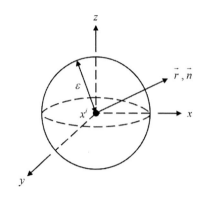

圖 7-2　圓心 x^i 半徑 ε 的圓球示意圖

$$\int \frac{\partial u^*}{\partial r} d\Gamma = \int \frac{\partial u^*}{\partial n} d\Gamma$$
$$= -\frac{A}{r^2} \cdot 4\pi r^2 \qquad\qquad (7\text{-}10)$$
$$= -4\pi A$$

由（7-9）式和（7-10）式可得 $A = \frac{1}{4\pi}$，即基本解（7-8）式寫為：

$$u^* = \frac{1}{4\pi r} \qquad\qquad (7\text{-}11)$$

這裡仍然要留意的，有些研究人員使用基本解採用 $u^* = \frac{1}{r}$，如果是這樣的話，那麼邊界積分式（7-5）則改寫成為：

$$-(4\pi)u^i - \int_\Gamma q^* \cdot u d\Gamma + \int_\Gamma u^* \cdot q d\Gamma = 0 \qquad\qquad (7\text{-}12)$$

x^i 位置計算在邊界上：$(i = j)$

　　由邊界元素法計算原理，基本解定義的位置 x^i 需要移到邊界上，然後才能引進邊界條件求解矩陣。如同二維問題的討論，當 x^i 移到邊界上時，原來的加權殘差兩次降階式子寫為：

$$\int_{\Omega} u\left(\nabla^2 u^*\right) d\Omega - \int_{\Gamma} q^* u d\Gamma + \int_{\Gamma} u^* q d\Gamma = 0 \qquad (7\text{-}13)$$

其中第一項領域積分變成只含有部份的領域，若邊界為平滑邊界即僅含半個球的領域。其討論也由於在 x^i 位置基本解的定義，使用半徑 ε ($\varepsilon \to 0$)的半球，然後利用 divergence 定理改寫為面積分，積分改為函數計算在圓心位置乘上半球表面積，得到的結果可以寫為：

$$-\frac{1}{2}u^i - \int_{\Gamma} q^* \cdot u d\Gamma + \int_{\Gamma} u^* \cdot q d\Gamma = 0 \qquad (7\text{-}14)$$

詳細說明可以參考第三章的內容。接下來，固然要使用（7-14）式將 x^i 位置移動到整個邊界。但是所求解問題的邊界可能不是規則的型態，因此，對於式中邊界的積分，需要先使用元素的概念，將邊界分段成為元素然後再計算。也就是將（7-14）式改寫成邊界元素方程式。

7.2　四邊形常數元素矩陣式

若將計算領域的邊界選取元素來表示邊界，則本來的邊界取而代之的成為元素的組合，如圖 7-3 所示。圖中為使用四邊形元素涵蓋所有的邊界，後續將使用常數元素作說明。

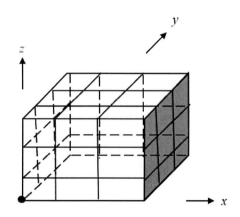

圖 7-3　立方體邊界取四邊形元素示意圖

邊界積分式（7-14）式的積分則成為對各元素的積分，然後累加起來，表示式成為：

$$-\frac{1}{2}u^i - \sum_j \int_{\Gamma_j} q^* u d\Gamma + \sum_j \int_{\Gamma_j} u^* q d\Gamma = 0 \tag{7-15}$$

留意到，由於使用常數元素，四邊形元素節點在四邊形的中心，因此，x^i 所在位置也將為平滑邊界。使用四邊形常數元素，（7-15）式可以改寫為：

$$-\frac{1}{2}u^i - \sum_j \int_{\Gamma_j} q^* d\Gamma \cdot u_j + \sum_j \int_{\Gamma_j} u^* d\Gamma \cdot q_j = 0 \tag{7-16}$$

很明顯的，（7-16）式中，由於元素的函數值為常數因此提到積分式的外面。在使用上，我們可以定義：

$$\hat{H}_{ij} = \int_{\Gamma_j} q^* d\Gamma \tag{7-17}$$

$$G_{ij} = \int_{\Gamma_j} u^* d\Gamma \tag{7-18}$$

在此需要留意到，（7-17）式和（7-18）式中，由於表示式和基本解 u^* 或 q^* 有關，即函數和 x^i 位置以及 Γ_j 元素有關，因此才有下標 ij 出現。邊界積分式（7-16）式進一步簡化為：

$$-\frac{1}{2}u^i - \sum_{j}^{N} \hat{H}_{ij} \cdot u_j + \sum_{j}^{N} G_{ij} \cdot q_j = 0 \tag{7-19}$$

需要留意的，此時為使用常數元素，因此，各個元素的函數值 u_j, q_j 和位置 x_j 都在元素的中心，如圖 7-4 所示。函數值要表示出位置則都在元素的中心點，圖中也同時標示出 x^i 位置和元素的 x_j 位置。可以了解到由於 x^i 需要計算在所有的邊界元素位置，因此會有 x^i 在 j 元素位置以及 x^i 不在 j 元素上兩種情形。

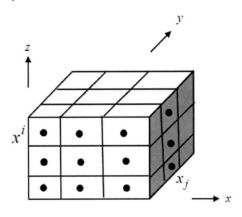

圖 7-4　常數元素函數值在元素中心

有了（7-19）式常數元素邊界積分計算式，則仿照一維和二維問題的作法，需要將 x^i 位置計算在各個元素上，然後引進邊界條件作進一步計算。將 x^i 位置計算在所有 N 個元素上，$i = 1, 2, \ldots, N$，則由（7-19）式可得矩陣式為：

$$[H]\{u\} = [G]\{q\} \tag{7-20}$$

或展開為矩陣寫為：

$$
\begin{bmatrix} & & \\ & H & \\ & & \end{bmatrix}_{N \times N} \begin{Bmatrix} u_1 \\ u_2 \\ u_3 \\ \vdots \\ u_N \end{Bmatrix}_{N \times 1} = \begin{bmatrix} & & \\ & G & \\ & & \end{bmatrix}_{N \times N} \begin{Bmatrix} q_1 \\ q_2 \\ q_3 \\ \vdots \\ q_N \end{Bmatrix}_{N \times 1} \quad (7\text{-}21)
$$

其中，

$$
H_{ij} = \begin{cases} \hat{H}_{ij} + \dfrac{1}{2}, & i = j \\ \hat{H}_{ij} & , & i \neq j \end{cases} \quad (7\text{-}22)
$$

留意到，x^i 位置的 u^i 即為 u_i 值；而當 $i = j$ 時，（7-19）式第一項和第二項的係數合併在一起。至此，利用邊界元素法使用常數元素求解 Laplace 方程式，已經將所求解問題轉變成為矩陣式（7-20）式。接下來則為代入邊界條件，給定 $u = \bar{u}$ 或者 $q = \bar{q}$、或者 u 和 q 的組合，然後計算邊界上未知的函數值。

7.3 四邊形常數元素矩陣計算式

以下說明計算係數矩陣 $[H]$ 和 $[G]$ 的方法，在考慮上則分成 x^i 位置是否在 j 元素上兩種情形。

(c) x^i 點在 j 元素上：

以下之討論內容參考黃材成教授的博士論文（1988），以及陳誠宗教授的博士論文（2012），後者利用前者的內容進行理論式子的確認和應用。當 x^i 位置在 j 元素上，如圖 7-5 所示。x^i 在 d 位置元素的中心。在作法上為採用理論直接積分。

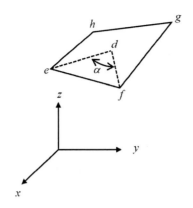

圖 7-5　x^i 位置(d)在元素中心示意圖

對於 g_{ii} 之計算表示式為：

$$g_{ii} = \int_{\Gamma_i} u^* d\Gamma$$

$$= \int_{\Gamma_i} \frac{1}{4\pi r} d\Gamma$$

(7-23)

（7-23）式對 i 元素的積分，在作法上：(1) 把 i 元素 efgh 分為四個三角形，如圖 7-5 所示。(2) 因為每個三角形為平面，都在一個平面上，可將每一個三角形座標轉換為二維的座標。(3) 可將每個三角形的積分，分成兩個直角三角形計算，如圖 7-6 所示。圖中三角形 def 分成直角三角形 dep 和 dpf，其中角度 $\alpha = \theta_A + \theta_B$。(4) 判別兩個三角形合起來的正負關係。

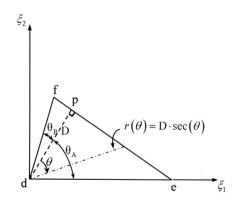

圖 7-6　三角形積分分成兩個直角三角形

按照上面所說的步驟，先由三角形 def 所包含的直角三角形 dep 進行計算。由（7-23）式可寫為：

$$\iint_{\Delta dep} \frac{1}{4\pi r} d\xi_1 d\xi_2 = \frac{1}{4\pi} \int_0^{\theta_A} \int_0^{r(\theta)} \frac{1}{r} [dr(rd\theta)]$$

$$= \frac{1}{4\pi} \int_0^{\theta_A} \int_0^{r(\theta)} dr d\theta$$

$$= \frac{1}{4\pi} \int_0^{\theta_A} r(\theta) d\theta$$

$$= \frac{1}{4\pi} \int_0^{\theta_A} D \sec\theta d\theta \qquad (7\text{-}24)$$

$$= \frac{1}{4\pi} \cdot D \cdot \ln(\sec\theta + \tan\theta)\Big|_0^{\theta_A}$$

$$= \frac{1}{4\pi} \cdot D \cdot \ln(\sec\theta_A + \tan\theta_A)$$

$$= \frac{1}{4\pi} \cdot D \cdot \ln[\tan(\frac{\pi}{4} + \frac{\theta_A}{2})]$$

其中，

$$D = \overline{dp} = \frac{\left|\overrightarrow{ed} \times \overrightarrow{ef}\right|}{\left|\overrightarrow{ef}\right|} \qquad (7\text{-}25)$$

$$\cos\theta_A = \frac{\overrightarrow{\mathbf{dp}}\cdot\overrightarrow{\mathbf{de}}}{\left|\overrightarrow{\mathbf{dp}}\right|\left|\overrightarrow{\mathbf{de}}\right|} \tag{7-26}$$

同樣的，對三角形 dfp 進行積分可得：

$$\iint_{\Delta\text{dfp}}\frac{1}{4\pi r}d\xi_1 d\xi_2 = \frac{1}{4\pi}D\cdot\ln\left[\tan(\frac{\pi}{4}+\frac{\theta_B}{2})\right] \tag{7-27}$$

其中，

$$\cos\theta_B = \frac{\overrightarrow{\mathbf{dp}}\cdot\overrightarrow{\mathbf{df}}}{\left|\overrightarrow{\mathbf{dp}}\right|\left|\overrightarrow{\mathbf{df}}\right|} \tag{7-28}$$

（7-24）式的推導使用到三角函數的和差化積公式。

$$\sec\theta + \tan\theta = \frac{1}{\cos\theta} + \frac{\sin\theta}{\cos\theta} = \frac{1+\sin\theta}{0+\cos\theta} = \frac{\sin\frac{\pi}{2}+\sin\theta}{\cos\frac{\pi}{2}+\cos\theta}$$

$$= \frac{2\sin\left(\frac{\pi}{4}+\frac{\theta}{2}\right)\cos\left(\frac{\pi}{4}-\frac{\theta}{2}\right)}{2\cos\left(\frac{\pi}{4}+\frac{\theta}{2}\right)\cos\left(\frac{\pi}{4}-\frac{\theta}{2}\right)} = \frac{\sin\left(\frac{\pi}{4}+\frac{\theta}{2}\right)}{\cos\left(\frac{\pi}{4}+\frac{\theta}{2}\right)} = \tan\left(\frac{\pi}{4}+\frac{\theta}{2}\right) \tag{7-29}$$

（7-29）式也使用到：

$$\begin{cases}\xi_1+\xi_2=\dfrac{\pi}{2}\\[2mm]\xi_1-\xi_2=\theta\end{cases}\Rightarrow\begin{cases}\xi_1=\dfrac{\pi}{4}+\dfrac{\theta}{2}\\[2mm]\xi_2=\dfrac{\pi}{4}-\dfrac{\theta}{2}\end{cases} \tag{7-30a}$$

$$\sin\left(\xi_1+\xi_2\right)+\sin\left(\xi_1-\xi_2\right)=2\sin\xi_1\cos\xi_2$$

$$=2\sin\left(\frac{\pi}{4}+\frac{\theta}{2}\right)\cos\left(\frac{\pi}{4}-\frac{\theta}{2}\right) \tag{7-30b}$$

$$\cos(\xi_1 + \xi_2) + \cos(\xi_1 - \xi_2) = 2\cos\xi_1\cos\xi_2$$
$$= 2\cos\left(\frac{\pi}{4} + \frac{\theta}{2}\right)\cos\left(\frac{\pi}{4} - \frac{\theta}{2}\right) \tag{7-30c}$$

上述（7-24)式和（7-27)式合起來即可得整個三角形 def 的積分結果：

$$\iint_{\Delta def}\frac{1}{4\pi r}d\xi_1 d\xi_2 = \frac{1}{4\pi}D\left\{\pm\ln\left[\tan(\frac{\pi}{4} + \frac{\theta_A}{2})\right]\pm\ln\left[\tan(\frac{\pi}{4} + \frac{\theta_B}{2})\right]\right\} \tag{7-31}$$

留意到，（7-31）式含有正負號，其決定於三角形的型態，以下繼續說明。

如圖 7-6 所示，± 號由垂直於 $\overline{ef}$ 之 $\overline{dp}$ 的 p 點位置來決定。當 p 點在 $\overline{de}$ 之上方（ $\xi_2^P > 0$ ）時，如 p 點在 $\overline{ef}$ 之間，（7-31）式為（＋，＋），如圖 7-7(a)所示；如 p 點在 $\overline{ef}$ 之外，（7-31）式為（＋，－），如圖 7-7(b)所示；。當 p 點在 $\overline{de}$ 之下方（ $\xi_2^P < 0$ ）時，（7-31）式為（－，＋），如圖 7-7(c)所示。

同樣的作法，可以計算圖 7-5 中剩下的三個三角形 dfg, dgh, dhe。如此，則 g_{ii} 的計算告一個段落。

(1) $\xi_2^P > 0 \implies (+,+)$

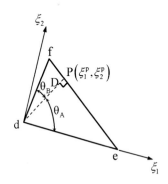

圖 7-7(a)　p 點在 $\overline{ef}$ 之間

(2) $\xi_2^P > 0 \Rightarrow (+,-)$

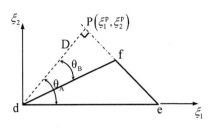

圖 7-7(b)　p 點在 $\overline{ef}$ 之外

(3) $\xi_2^P < 0 \Rightarrow (-,+)$

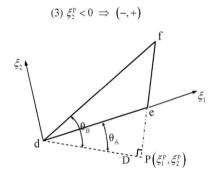

圖 7-7(c)　p 點在 $\overline{de}$ 之下方($\xi_2^P < 0$)

至於 $\hat{h}_{ii}$ 的計算，由定義：

$$\hat{h}_{ii} = \int_{\Gamma_i} \frac{\partial u^*}{\partial n} d\Gamma \tag{7-32}$$

仿照二維問題的討論，由於基本解定義在元素上，而元素的法線方向則垂直於元素本身，因此基本解在法線方向的變化為零。即，$\hat{h}_{ii} = 0$。

(d) x^i點不在 j 元素上：($i \neq j$)

當 x^i 點不在 j 元素上，由於是兩個空間位置的函數，因此矩陣係數要用理論積分相當不容易，因此在使用元素的計算中，都使用高斯積分進行處理。x^i 點和 j 元素的相對位置如圖 7-8 所示。在此仍要說明的，座標 (x, y, z) 和 (x_1, x_2, x_3) 為了表示式方便起見，仍是相通的。

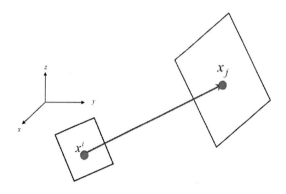

圖 7-8　x^i 點不在 j 元素的空間相對位置

由 g_{ij} 的定義可得：

$$
\begin{aligned}
g_{ij} &= \int\limits_{\Gamma_j} u^* d\Gamma \\
&= \int\limits_{\Gamma_j} \frac{1}{4\pi r} d\Gamma
\end{aligned}
$$

(7-33)

留意，（7-33）式中面積分仍為三維座標的積分，其表示式如下說明。

7.4　四邊形元素三維座標面積的表示式

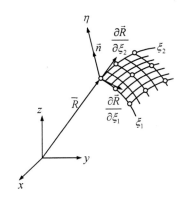

圖 7-9　三維座標二維曲面定義圖

如圖 7-9 所示，空間曲面以座標(ξ_1, ξ_2, η)表示，η座標也可視為曲面的法線方向。則曲面上的微小面積可寫為：

$$
\begin{aligned}
d\Gamma &= \left| \frac{\partial \vec{R}}{\partial \xi_1} d\xi_1 \times \frac{\partial \vec{R}}{\partial \xi_2} d\xi_2 \right| \\
&= \left| \frac{\partial \vec{R}}{\partial \xi_1} \times \frac{\partial \vec{R}}{\partial \xi_2} \right| d\xi_1 d\xi_2 \\
&= \left| \vec{G} \right| d\xi_1 d\xi_2
\end{aligned}
\tag{7-34}
$$

式中，

$$
\begin{aligned}
\vec{G} = \frac{\partial \vec{R}}{\partial \xi_1} \times \frac{\partial \vec{R}}{\partial \xi_2} &= \begin{vmatrix} \vec{i} & \vec{j} & \vec{k} \\ \dfrac{\partial x}{\partial \xi_1} & \dfrac{\partial y}{\partial \xi_1} & \dfrac{\partial z}{\partial \xi_1} \\ \dfrac{\partial x}{\partial \xi_2} & \dfrac{\partial y}{\partial \xi_2} & \dfrac{\partial z}{\partial \xi_2} \end{vmatrix} \\
&= g_1 \vec{i} + g_2 \vec{j} + g_3 \vec{k}
\end{aligned}
\tag{7-35}
$$

即可得表示式：

$$g_1 = \frac{\partial y}{\partial \xi_1}\frac{\partial z}{\partial \xi_2} - \frac{\partial z}{\partial \xi_1}\frac{\partial y}{\partial \xi_2} \tag{7-36a}$$

$$g_2 = \frac{\partial z}{\partial \xi_1}\frac{\partial x}{\partial \xi_2} - \frac{\partial x}{\partial \xi_1}\frac{\partial z}{\partial \xi_2} \tag{7-36b}$$

$$g_3 = \frac{\partial x}{\partial \xi_1}\frac{\partial y}{\partial \xi_2} - \frac{\partial y}{\partial \xi_1}\frac{\partial x}{\partial \xi_2} \tag{7-36c}$$

$$\left|\vec{G}\right| = \sqrt{g_1^2 + g_2^2 + g_3^2} \tag{7-37}$$

另外，可定義法線方向：

$$\vec{n} = \frac{\vec{G}}{\left|\vec{G}\right|} = n_x\vec{i} + n_y\vec{j} + n_z\vec{k} \tag{7-38}$$

$$n_x = \frac{g_1}{\sqrt{g_1^2 + g_2^2 + g_3^2}} \tag{7-39a}$$

$$n_y = \frac{g_2}{\sqrt{g_1^2 + g_2^2 + g_3^2}} \tag{7-39b}$$

$$n_z = \frac{g_3}{\sqrt{g_1^2 + g_2^2 + g_3^2}} \tag{7-39c}$$

在使用元素計算的方法中，有關微分的計算可表示為：

$$\begin{aligned}\frac{\partial x}{\partial \xi_j} &= \frac{\partial}{\partial \xi_j}\left(\sum_{m=1}^{4}\phi_m(\xi_1,\xi_2)x_m\right)\\ &= \sum_{m=1}^{4}\frac{\partial \phi_m}{\partial \xi_j}x_m \ , \ j=1,2,3\end{aligned} \tag{7-40}$$

式中，座標為使用形狀函數 $\phi_m(\xi_1,\xi_2)$ 來表示。這裡使用四邊形線性元素來計算。m 節點的座標為 (x_m, y_m, z_m)。四個節點的線性形狀函數，定義如圖 7-10 所示，則可寫為：

$$\phi_1 = \frac{1}{4}\left(1-\xi_1\right)\left(1-\xi_2\right) \tag{7-41a}$$

$$\phi_2 = \frac{1}{4}\left(1+\xi_1\right)\left(1-\xi_2\right) \tag{7-41b}$$

$$\phi_3 = \frac{1}{4}\left(1+\xi_1\right)\left(1+\xi_2\right) \tag{7-41c}$$

$$\phi_4 = \frac{1}{4}\left(1-\xi_1\right)\left(1+\xi_2\right) \tag{7-41d}$$

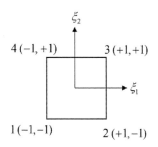

圖 7-10　四邊形線性元素定義圖

至此，則 g_{ij} 的計算式可表示為：

$$
\begin{aligned}
g_{ij} &= \int_{\Gamma_j} u^* d\Gamma = \int_{\Gamma_j} \frac{1}{4\pi r} d\Gamma = \int_{-1}^{1}\int_{-1}^{1} \frac{1}{4\pi r}\left|\vec{G}\right| d\xi_1 d\xi_2 \\
&= \sum_{k=1}^{3}\sum_{l=1}^{3} w_k w_l \left[\frac{1}{4\pi r}\left|\vec{G}\right|\right]_{kl}
\end{aligned} \tag{7-42}
$$

式中，下標 $(k\ell)$ 分別表示計算的高斯積分位置，

$$r_{k\ell} = \sqrt{\left[x_j(\xi_{1k},\xi_{2\ell})-x_i\right]^2 + \left[y_j(\xi_{1k},\xi_{2\ell})-y_i\right]^2 + \left[z_j(\xi_{1k},\xi_{2\ell})-z_i\right]^2} \tag{7-43}$$

另外，$\hat{h}_{ij}$ 的計算式同樣可表示為：

$$
\begin{aligned}
\hat{\mathrm{h}}_{ij} &= \int_{\Gamma_j} \frac{\partial u^*}{\partial n} d\Gamma \\
&= \int_{\Gamma_j} \left(\frac{\partial u^*}{\partial r}\right)\left(\frac{\partial r}{\partial n}\right) d\Gamma \\
&= \int_{\Gamma_j} \frac{-1}{4\pi r^2}(\nabla r \cdot \vec{n}) d\Gamma \\
&= \sum_{k=1}^{3}\sum_{\ell=1}^{3} w_k w_\ell \left[\frac{-1}{4\pi r^2}(\nabla r \cdot \vec{n})\left|\vec{G}\right|\right]\Bigg|_{k\ell}
\end{aligned}
\tag{7-44}
$$

在高斯積分階次的選擇上，則建議使用（3×3）九點的計算。有關高斯積分法的原理（Caussian quadrature integration）、加權因子（weighting factor）、積分點的值，讀者可以直接參考相關資料，例如（https://en.wikipedia.org/wiki/Gaussian_quadrature）。

7.5 三角形常數元素矩陣計算式

若考慮空間三角形常數元素，如圖 7-11 所示。利用三角形來涵蓋所求解領域的邊界，而由於使用常數元素，因此三角形元素的函數值定在三角形的中心位置。就 Laplace 控制方程式的問題而言，三角形元素的三維問題的邊界積分式和四邊形元素完全相同。為了討論方便，在此也重覆列出：

$$
-u^i - \int_{\Gamma} q^* \cdot u d\Gamma + \int_{\Gamma} u^* \cdot q d\Gamma = 0
\tag{7-45}
$$

基本解定義為：

$$
u^* = \frac{1}{4\pi r}
\tag{7-46}
$$

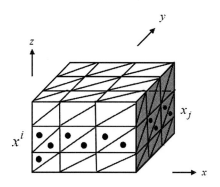

圖 7-11　三角形常數元素示意圖

當基本解計算在邊界上（x^i 在邊界上），則邊界積分式改寫為：

$$-\frac{1}{2}u^i - \int_\Gamma q^* \cdot u d\Gamma + \int_\Gamma u^* \cdot q d\Gamma = 0 \tag{7-47}$$

三角形常數元素的邊界矩陣式則為：

$$-\frac{1}{2}u^i - \sum_j^N \hat{h}_{ij} \cdot u_j + \sum_j^N g_{ij} \cdot q_j = 0 \tag{7-48}$$

其中，

$$\hat{h}_{ij} = \int_{\Gamma_j} q^* d\Gamma \tag{7-49}$$

$$g_{ij} = \int_{\Gamma_j} u^* d\Gamma \tag{7-50}$$

在實際計算上，由於空間三角形元素和四邊形元素型態的不同，因此，矩陣係數[H]和[G]的計算則有所不同，在以下詳細說明。在考慮上則分成 x^i 位置是否在 j 元素上兩種情形。

(e) $\underline{x^i}$ 點在 j 元素上：

　　以下之討論直接應用四邊形元素之討論。當 x^i 位置在 j 元素上，如圖 7-12 所示。x^i 在 d 位置元素的中心。在作法上為採用理論直接積分。

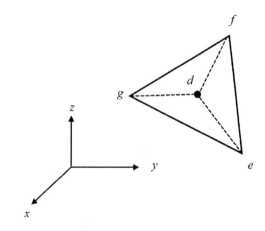

圖 7-12　x^i 位置(d)在三角形元素中心示意圖

對於 g_{ii} 之計算表示式為：

$$g_{ii} = \int_{\Gamma_i} u^* d\Gamma$$
$$= \int_{\Gamma_i} \frac{1}{4\pi r} d\Gamma \tag{7-51}$$

（7-51）式對 i 元素的積分，在作法上：(1) 把 i 元素 efg 分為三個三角形，如圖 7-12 所示。(2) 因為每個三角形為平面，都在一個平面上，可將每一個三角形座標轉換為二維的座標。(3) 可將每個三角形的積分，分成兩個直角三角形計算，如圖 7-13 所示。圖中三角形 def 分成直角三角形 dep 和 dpf，其中角度 $\alpha = \theta_A + \theta_B$。(4) 判別兩個三角形合起來的正負關係。

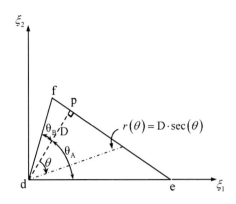

圖 7-13　三角形積分分成兩個直角三角形

按照上面所說的步驟，先由三角形 def 所包含的直角三角形 dep 進行計算。仿照四邊形元素的討論，由（7-51）式可寫為：

$$
\iint_{\Delta dep} \frac{1}{4\pi r} d\xi_1 d\xi_2 = \frac{1}{4\pi} \int_0^{\theta_A} \int_0^{r(\theta)} \frac{1}{r}[dr(rd\theta)]
$$

$$
= \frac{1}{4\pi} \int_0^{\theta_A} \int_0^{r(\theta)} dr d\theta
$$

$$
= \frac{1}{4\pi} \int_0^{\theta_A} r(\theta) d\theta
$$

$$
= \frac{1}{4\pi} \int_0^{\theta_A} D \sec\theta d\theta \tag{7-52}
$$

$$
= \frac{1}{4\pi} \cdot D \cdot \ln(\sec\theta + \tan\theta)\Big|_0^{\theta_A}
$$

$$
= \frac{1}{4\pi} \cdot D \cdot \ln(\sec\theta_A + \tan\theta_A)
$$

$$
= \frac{1}{4\pi} \cdot D \cdot \ln[\tan(\frac{\pi}{4} + \frac{\theta_A}{2})]
$$

其中，

$$
D = \overline{dp} = \frac{\left|\overrightarrow{ed} \times \overrightarrow{ef}\right|}{\left|\overrightarrow{ef}\right|} \tag{7-53}
$$

$$\cos\theta_A = \frac{\overrightarrow{\mathbf{dp}}\cdot\overrightarrow{\mathbf{de}}}{\left|\overrightarrow{\mathbf{dp}}\right|\left|\overrightarrow{\mathbf{de}}\right|} \tag{7-54}$$

同樣的，對三角形 dfp 進行積分可得：

$$\iint_{\Delta\mathrm{dfp}} \frac{1}{4\pi r} d\xi_1 d\xi_2 = \frac{1}{4\pi}\mathrm{D}\cdot\ln\left[\tan(\frac{\pi}{4}+\frac{\theta_B}{2})\right] \tag{7-55}$$

其中，

$$\cos\theta_B = \frac{\overrightarrow{\mathbf{dp}}\cdot\overrightarrow{\mathbf{df}}}{\left|\overrightarrow{\mathbf{dp}}\right|\left|\overrightarrow{\mathbf{df}}\right|} \tag{7-56}$$

（7-55）式的推導使用到三角函數的和差化積公式。

$$\sec\theta + \tan\theta = \frac{1}{\cos\theta} + \frac{\sin\theta}{\cos\theta} = \frac{1+\sin\theta}{0+\cos\theta} = \frac{\sin\frac{\pi}{2}+\sin\theta}{\cos\frac{\pi}{2}+\cos\theta}$$

$$= \frac{2\sin\left(\frac{\pi}{4}+\frac{\theta}{2}\right)\cos\left(\frac{\pi}{4}-\frac{\theta}{2}\right)}{2\cos\left(\frac{\pi}{4}+\frac{\theta}{2}\right)\cos\left(\frac{\pi}{4}-\frac{\theta}{2}\right)} = \frac{\sin\left(\frac{\pi}{4}+\frac{\theta}{2}\right)}{\cos\left(\frac{\pi}{4}+\frac{\theta}{2}\right)} = \tan\left(\frac{\pi}{4}+\frac{\theta}{2}\right) \tag{7-57}$$

（7-57）式也使用到：

$$\begin{cases}\xi_1+\xi_2=\dfrac{\pi}{2}\\[2mm]\xi_1-\xi_2=\theta\end{cases} \Rightarrow \begin{cases}\xi_1=\dfrac{\pi}{4}+\dfrac{\theta}{2}\\[2mm]\xi_2=\dfrac{\pi}{4}-\dfrac{\theta}{2}\end{cases} \tag{7-58a}$$

$$\sin\left(\xi_1+\xi_2\right)+\sin\left(\xi_1-\xi_2\right)=2\sin\xi_1\cos\xi_2$$
$$=2\sin\left(\frac{\pi}{4}+\frac{\theta}{2}\right)\cos\left(\frac{\pi}{4}-\frac{\theta}{2}\right) \tag{7-58b}$$

$$\cos\left(\xi_1+\xi_2\right)+\cos\left(\xi_1-\xi_2\right)=2\cos\xi_1\cos\xi_2$$
$$=2\cos\left(\frac{\pi}{4}+\frac{\theta}{2}\right)\cos\left(\frac{\pi}{4}-\frac{\theta}{2}\right) \tag{7-58c}$$

上述（7-52）式和（7-55）式合起來即可得整個三角形 def 的積分結果：

$$\iint_{\Delta def} \frac{1}{4\pi r} d\xi_1 d\xi_2 = \frac{1}{4\pi} D \left\{ \pm \ln \left[\tan(\frac{\pi}{4} + \frac{\theta_A}{2}) \right] \pm \ln \left[\tan(\frac{\pi}{4} + \frac{\theta_B}{2}) \right] \right\} \qquad (7\text{-}59)$$

留意到，（7-59）式含有正負號，其決定於三角形的型態，以下繼續說明。

如圖 7-13 所示，±號由垂直於 $\overline{ef}$ 之 $\overline{dp}$ 的 p 點位置來決定。當 p 點在 $\overline{de}$ 之上方（ $\xi_2^P > 0$ ）時，如 p 點在 $\overline{ef}$ 之間，（7-31）式為（＋，＋），如圖 7-14(a)所示；如 p 點在 $\overline{ef}$ 之外，（7-31）式為（＋，－），如圖 7-14(b)所示；。當 p 點在 $\overline{de}$ 之下方（ $\xi_2^P < 0$ ）時，（7-31）式為（－，＋），如圖 7-14(c)所示。

同樣的作法，可以計算圖 7-12 中剩下的兩個三角形 dfg, dge。如此，則 g_{ii} 的計算告一個段落。

(1) $\xi_2^P > 0 \implies (+,+)$

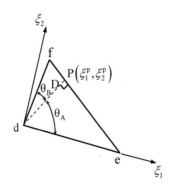

圖 7-14(a)　p 點在 $\overline{ef}$ 之間

(2) $\xi_2^p > 0 \Rightarrow (+,-)$

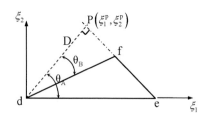

圖 7-14(b)　p 點在 $\overline{ef}$ 之外

(3) $\xi_2^p < 0 \Rightarrow (-,+)$

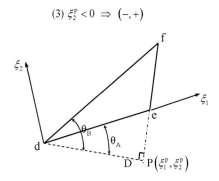

圖 7-14(c)　p 點在 $\overline{de}$ 之下方($\xi_2^P < 0$)

至於 $\hat{h}_{ii}$ 的計算，由定義：

$$\hat{h}_{ii} = \int_{\Gamma_i} \frac{\partial u^*}{\partial n} d\Gamma \tag{7-60}$$

仿照四邊形元素的討論，由於基本解定義在元素上，而元素的法線方向則垂直於元素本身，因此基本解在法線方向的變化為零。即，$\hat{h}_{ii} = 0$。

(f)　x^i 點不在 j 元素上：$(i \neq j)$

當 x^i 點不在 j 元素上，由於是兩個空間位置的函數，因此矩陣係數要用理論積分相當不容易，因此在使用元素的計算中，都使用高斯積分進行處理。x^i 點和 j 元素的相對位置如圖 7-15 所示。在此仍要說明的，座標 (x, y, z) 和 (x_1, x_2, x_3) 為了表示式方便起見，仍是相通的。

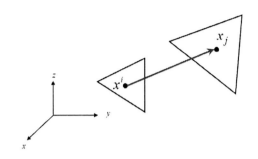

圖 7-15　x^i 點不在 j 元素的空間相對位置

由 g_{ij} 的定義可得：

$$g_{ij} = \int_{\Gamma_j} u^* d\Gamma$$
$$= \int_{\Gamma_j} \frac{1}{4\pi r} d\Gamma \tag{7-61}$$

留意，（7-61）式的面積積分分仍為三維座標的積分。接下去的計算由於將使用高斯積分法，因此將會計算在高斯積分點上。

對於 j 元素上任意點 p 的位置，如圖 7-16 所示，可以表示為：

$$\vec{R} = \vec{R}_3 + \vec{R}_p$$
$$= \vec{R}_3 + \xi_1 \ell_1 \vec{e}_1 + \xi_2 \ell_2 \vec{e}_2 \tag{7-62}$$

式中，j 元素節點 1,2,3，第 3 節點的位置向量為 $\vec{R}_3$，元素上的 local 座標 $0 \le \xi_1 \le 1$, $0 \le \xi_2 \le 1$，p 點在元素上的位置座標為 (ξ_1, ξ_2)，三角形的邊 $\overline{31}$ 長度為 ℓ_1，單位向量為 $\vec{e}_1$、三角形的邊 $\overline{32}$ 長度為 ℓ_2，單位向量為 $\vec{e}_2$。

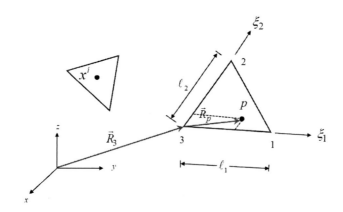

圖 7-16　在 j 元素上任意點位置示意圖

$$\vec{e}_1 = \left(\frac{x_1 - x_3}{\ell_1}\right)\vec{i} + \left(\frac{y_1 - y_3}{\ell_1}\right)\vec{j} + \left(\frac{z_1 - z_3}{\ell_1}\right)\vec{k} \tag{7-63}$$

$$\vec{e}_2 = \left(\frac{x_2 - x_3}{\ell_2}\right)\vec{i} + \left(\frac{y_2 - y_3}{\ell_2}\right)\vec{j} + \left(\frac{z_2 - z_3}{\ell_2}\right)\vec{k} \tag{7-64}$$

利用（7-63）式和（7-64）式，代入（7-62）式可得：

$$
\begin{aligned}
\vec{R} = x_3\vec{i} + y_3\vec{j} + z_3\vec{k} + \xi_1\ell_1\left[\left(\frac{x_1 - x_3}{\ell_1}\right)\vec{i} + \left(\frac{y_1 - y_3}{\ell_1}\right)\vec{j} + \left(\frac{z_1 - z_3}{\ell_1}\right)\vec{k}\right] + \\
+ \xi_2\ell_2\left[\left(\frac{x_2 - x_3}{\ell_2}\right)\vec{i} + \left(\frac{y_2 - y_3}{\ell_2}\right)\vec{j} + \left(\frac{z_2 - z_3}{\ell_2}\right)\vec{k}\right]
\end{aligned}
\tag{7-65}
$$

或進一步整理為：

$$
\begin{aligned}
\vec{R} = \left[x_3 + \xi_1(x_1 - x_3) + \xi_2(x_2 - x_3)\right]\vec{i} + \left[y_3 + \xi_1(y_1 - y_3) + \xi_2(y_2 - y_3)\right]\vec{j} \\
+ \left[z_3 + \xi_1(z_1 - z_3) + \xi_2(z_2 - z_3)\right]\vec{k}
\end{aligned}
\tag{7-66}
$$

$\vec{R}$ 位置向量（7-66）式的三個分量為：

$$x = \xi_1 x_1 + \xi_2 x_2 + (1 - \xi_1 - \xi_2)x_3 \tag{7-67a}$$

$$y = \xi_1 y_1 + \xi_2 y_2 + (1 - \xi_1 - \xi_2)y_3 \tag{7-67b}$$

$$z = \xi_1 z_1 + \xi_2 z_2 + \left(1 - \xi_1 - \xi_2\right) z_3 \qquad (7\text{-}67\text{c})$$

由（7-67）式可以定義自然座標 ξ_3，而改寫為：

$$x = \xi_1 x_1 + \xi_2 x_2 + \xi_3 x_3 \qquad (7\text{-}68\text{a})$$

$$y = \xi_1 y_1 + \xi_2 y_2 + \xi_3 y_3 \qquad (7\text{-}68\text{b})$$

$$z = \xi_1 z_1 + \xi_2 z_2 + \xi_3 z_3 \qquad (7\text{-}68\text{c})$$

由（7-68）式以及形狀函數的應用，可以理解到（ξ_1, ξ_2, ξ_3）即為三角形元素的三個線性形狀函數（ϕ_1, ϕ_2, ϕ_3）。

7.6　三角形元素三維座標面積的表示式

由圖 7-16 可知，j 元素上的微小面積（differential area）$d\Gamma$ 可以表示為：

$$\begin{aligned}
d\Gamma &= \frac{1}{2}\left| \frac{\partial \vec{R}}{\partial \xi_1} d\xi_1 \times \frac{\partial \vec{R}}{\partial \xi_2} d\xi_2 \right| \\
&= \frac{1}{2}\left| \frac{\partial \vec{R}}{\partial \xi_1} \times \frac{\partial \vec{R}}{\partial \xi_2} \right| d\xi_1 d\xi_2 \\
&= \frac{1}{2}\left| \vec{G} \right| d\xi_1 d\xi_2
\end{aligned} \qquad (7\text{-}69)$$

式中，

$$\vec{G} = \frac{\partial \vec{R}}{\partial \xi_1} \times \frac{\partial \vec{R}}{\partial \xi_2} = \begin{vmatrix} \vec{i} & \vec{j} & \vec{k} \\ \dfrac{\partial x}{\partial \xi_1} & \dfrac{\partial y}{\partial \xi_1} & \dfrac{\partial z}{\partial \xi_1} \\ \dfrac{\partial x}{\partial \xi_2} & \dfrac{\partial y}{\partial \xi_2} & \dfrac{\partial z}{\partial \xi_2} \end{vmatrix} = g_1 \vec{i} + g_2 \vec{j} + g_3 \vec{k} \qquad (7\text{-}70)$$

即可得表示式：

$$g_1 = \frac{\partial y}{\partial \xi_1}\frac{\partial z}{\partial \xi_2} - \frac{\partial z}{\partial \xi_1}\frac{\partial y}{\partial \xi_2} \tag{7-71a}$$

$$g_2 = \frac{\partial z}{\partial \xi_1}\frac{\partial x}{\partial \xi_2} - \frac{\partial x}{\partial \xi_1}\frac{\partial z}{\partial \xi_2} \tag{7-71b}$$

$$g_3 = \frac{\partial x}{\partial \xi_1}\frac{\partial y}{\partial \xi_2} - \frac{\partial y}{\partial \xi_1}\frac{\partial x}{\partial \xi_2} \tag{7-71c}$$

使用形狀函數來表示座標，（7-68）式，則另可得表示式：

$$g_1 = (y_1 - y_3)(z_2 - z_3) - (z_1 - z_3)(y_2 - y_3) \tag{7-72a}$$

$$g_2 = (z_1 - z_3)(x_2 - x_3) - (x_1 - x_3)(z_2 - z_3) \tag{7-72b}$$

$$g_3 = (x_1 - x_3)(y_2 - y_3) - (y_1 - y_3)(x_2 - x_3) \tag{7-72c}$$

或表示為：

$$|\vec{G}| = \sqrt{g_1^2 + g_2^2 + g_3^2} \tag{7-73}$$

另外，由（7-70）式可定義法線方向：

$$\vec{n} = \frac{\vec{G}}{|\vec{G}|} = n_x\vec{i} + n_y\vec{j} + n_z\vec{k} \tag{7-74}$$

$$n_x = \frac{g_1}{\sqrt{g_1^2 + g_2^2 + g_3^2}} \tag{7-75a}$$

$$n_y = \frac{g_2}{\sqrt{g_1^2 + g_2^2 + g_3^2}} \tag{7-75b}$$

$$n_z = \frac{g_3}{\sqrt{g_1^2 + g_2^2 + g_3^2}} \tag{7-75c}$$

至此，則 g_{ij} 和 $\hat{h}_{ij}$ 的計算式可分別表示為：

$$g_{ij} = \int_{\Gamma_j} u^* d\Gamma = \int_{\Gamma_j} \frac{1}{4\pi r} d\Gamma = \frac{1}{2} \int_{-1}^{1} \int_{-1}^{1-\xi_1} \frac{1}{4\pi r} \left|\vec{G}\right| d\xi_2 d\xi_1$$

$$= \frac{1}{2} \sum_{k=1}^{4} w_k \left[\frac{1}{4\pi r} \left|\vec{G}\right| \right]_k \tag{7-76}$$

$$\hat{h}_{ij} = \int_{\Gamma_j} \frac{\partial u^*}{\partial n} d\Gamma$$

$$= \int_{\Gamma_j} \left(\frac{\partial u^*}{\partial r}\right)\left(\frac{\partial r}{\partial n}\right) d\Gamma = \int_{\Gamma_j} \frac{-1}{4\pi r^2} (\nabla r \cdot \vec{n}) d\Gamma \tag{7-77}$$

$$= \frac{1}{2} \int_{0}^{1} \int_{0}^{1-\xi_1} \frac{-1}{4\pi r^2} (\nabla r \cdot \vec{n}) \left|\vec{G}\right| d\xi_2 d\xi_1$$

$$= = \frac{1}{2} \sum_{k=1}^{4} w_k \left[\frac{-1}{4\pi r^2} (\nabla r \cdot \vec{n}) \left|\vec{G}\right| \right]_k$$

式中，下標 (k) 表示計算的高斯積分位置，同時：

$$r_k = \sqrt{\left[x_j(\xi_{1k}, \xi_{2k}, \xi_{3k}) - x_i \right]^2 + \left[y_j(\xi_{1k}, \xi_{2k}, \xi_{3k}) - y_i \right]^2 + \left[z_j(\xi_{1k}, \xi_{2k}, \xi_{3k}) - z_i \right]^2}$$

(7-78)

$$\frac{-1}{4\pi r_k^2} (\nabla r_k \cdot \vec{n}) = \frac{1}{4\pi r_k^3} \left\{ \left[x_j - x_i \right] n_x + \left[y_j - y_i \right] n_y + \left[z_j - z_i \right] n_z \right\} \tag{7-79}$$

在高斯積分的選擇上，三角形三點高斯積分的加權因子和積分點位置如圖 7-17 所示，相關的計算數據則如表 7-1 所示。

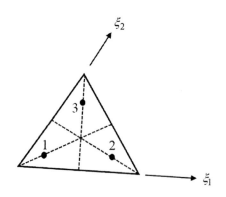

圖 7-17　三角形三點高斯積分位置圖

表 7-1　三角形三點高斯積分加權因子和積分點

No.	ξ_1	ξ_2	w_k
1	1/6	1/6	1/3
2	2/3	1/6	1/3
3	1/6	2/3	1/3

有關高斯積分法的原理（Caussian quadrature integration）、加權因子
（weighting factor）、積分點的值，讀者可以直接參考相關資料，例如
（https://en.wikipedia.org/wiki/Gaussian_quadrature），或者 Bathe (1982)。

　　本章至此已經說明三維問題，邊界元素法計算需要使用到的的計
算式，接下來合理上應該附上計算例。然而三維問題的計算，都會使
用到空間問題的描述、邊界值問題、邊界元素法矩陣式、以及最後計
算 3D 結果的呈現。利用邊界元素法計算三維問題可參考謝(1996)和
陳（1998），前者計算波浪通過不透水潛堤的問題，後者計算波浪通
過透水潛堤的繞射現象。陳（2012）則近一步計算非線性方向造波的
問題。

【參考文獻】

1. Bathe, K-J., Finite Element Procedures in Engineering Analysis, Prentice Hall, 1982.

2. Huang, Chai-Cheng, Boundary Element Method Prediction of Wave Forces on Large Fixed Submerged Structures, PhD thesis, Texas A&M University, USA, 1988.

3. 謝偉朧，波浪通過潛式結構物的繞射分析，國立成功大學水利及海洋工程研究所碩士論文，1996。

4. 陳伯義，波浪通過潛式透水結構的三維計算，國立成功大學水利及海洋工程研究所碩士論文，1998。

5. 陳誠宗，時間領域三維非線性波浪場邊界元素法模擬，國立成功大學水利及海洋工程研究所博士論文，2012。

邊界元素法精確上手

第八章　其他型式問題

8.1　兩個區域的問題

　　研究日益精進的今日，求解問題包含兩個領域以上的時機已經越來越頻繁。以海岸海洋工程的問題來看，波浪通過透水性結構物就是一個例子，透水結構物內部波浪場為一個領域，外部波浪場為一個領域，兩個領域需要合併求解。利用邊界元素法求解，兩個領域問題可以表示如圖 8-1 所示。領域 1 為 Ω_1，領域 2 則為 Ω_2，整個問題的邊界為 $\Gamma_1 + \Gamma_2$，兩個領域的交界則為 Γ_I。

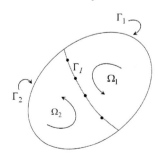

圖 8-1　兩個領域問題定義圖

使用邊界元素法求解，兩個區域的矩陣式可以分別寫為：

領域 Ω_1： $H^1 U^1 = G^1 Q^1$ (8-1)

領域 Ω_2： $H^2 U^2 = G^2 Q^2$ (8-2)

在交界邊界： $U^1 = U^2 = U_I$ ； $Q_I^1 = -Q_I^2 = Q_I$ (8-3)

留意到，在交界邊界上另外以交界上的變數(U_I, Q_I)來表示，其中，

$Q_I = \dfrac{\partial U_I}{\partial n}$，但是兩個領域在交界的法線方向為相反，定義$Q_I^1 = Q_I$，

因此Q_I^2差個負號。兩個領域合併求解，在表示上另外定義：

$$U^1 = \begin{pmatrix} U_E^1 \\ U_I \end{pmatrix} , \quad U^2 = \begin{pmatrix} U_E^2 \\ U_I \end{pmatrix} , \quad Q^1 = \begin{pmatrix} Q_E^1 \\ Q_I \end{pmatrix} , \quad Q^2 = \begin{pmatrix} Q_E^2 \\ -Q_I \end{pmatrix} \quad (8\text{-}4)$$

其中，U_E^1, Q_E^1為領域 1 除去交界（external to interface）的變數；U_E^2, Q_E^2為領域 2 除去交界的變數。使用（8-4）式則（8-1）式和（8-2）式改寫為：

$$\begin{bmatrix} H_E^1 & H_I^1 \end{bmatrix} \begin{pmatrix} U_E^1 \\ U_I \end{pmatrix} = \begin{bmatrix} G_E^1 & G_I^1 \end{bmatrix} \begin{pmatrix} Q_E^1 \\ Q_I \end{pmatrix} \quad (8\text{-}5)$$

$$\begin{bmatrix} H_E^2 & H_I^2 \end{bmatrix} \begin{pmatrix} U_E^2 \\ U_I \end{pmatrix} = \begin{bmatrix} G_E^2 & G_I^2 \end{bmatrix} \begin{pmatrix} Q_E^2 \\ -Q_I \end{pmatrix} \quad (8\text{-}6)$$

由（8-5）式和（8-6）式，將等號右邊的未知數U_I和Q_I移到等號左邊，同時兩個式子合併為一個矩陣式可得：

$$\begin{bmatrix} H_E^1 & H_I^1 & -G_I^1 & 0 \\ 0 & H_I^2 & G_I^2 & H_E^2 \end{bmatrix} \begin{pmatrix} U_E^1 \\ U_I \\ Q_I \\ U_E^2 \end{pmatrix} = \begin{bmatrix} G_E^1 & 0 \\ 0 & G_E^2 \end{bmatrix} \begin{pmatrix} Q_E^1 \\ Q_E^2 \end{pmatrix} \quad (8\text{-}7)$$

留意到，為了配合求解變數的順序，其相對應的係數需要調整位置，同時，等號右邊移到等號左邊也需要加個負號。（8-7）式若再代入整

個問題的邊界條件，則可以求解整個問題邊界上以及交界上的未知函數。

　　對於兩個區域的邊界元素法求解，由前面說明，理論上已經可以求解。但是在實際計算上，仍然需要留意交界上節點函數值的使用和合併。對於所求解問題給定邊界上元素和節點如圖 8-2 所示。在計算上，整個問題的邊界都需要定義元素和節點號碼。在本書的內容為使用右手定則作計算，因此節點號碼的使用為逆時針方向。由圖 8-2 可看出，領域 2 節點順序為 1, 2, ..., 7, 8, 14, 15, 16, 1；領域 1 節點順序則為 8, 9, ..., 12, 13, 1, 16, 15, 14, 8。很明顯的，在交界上節點的使用順序相反，這個情形在程式寫法上需要特別留意，在兩個區域計算矩陣的合併上，相同節點的係數才能合併在一起。

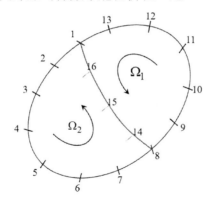

圖 8-2　兩個區域邊界上元素和節點示意圖

8.2　等水深的 Helmholtz 方程式

　　對於三維波浪問題的計算，很特別的，當考慮等水深問題，如圖 8-3 所示，可以利用水深函數將三維問題簡化為二維。

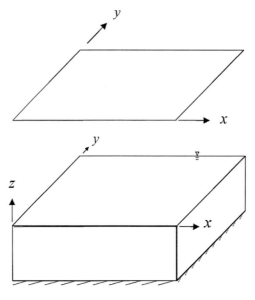

圖 8-3　等水深三維波浪問題示意圖

波浪勢函數 $\phi(x, y, z)$ 可以表示為：

$$\phi(x, y, z) = A(x, y) \cdot \cosh K(z + h) \tag{8-8}$$

式中，$A(x, y)$ 也表示水面的水位分佈函數、K 則為週波數。控制方程式原本為 Laplace 方程式：

$$\nabla^2 \phi(x, y, z) = 0 \tag{8-9}$$

（8-9）式代入（8-8）式則改變為：

$$\nabla_{xy}^2 A(x, y) + K^2 A(x, y) = 0 \tag{8-10}$$

（8-10）式即為 Helmholtz equation。一般知道 Laplace operator 為二維運算時，運算子下標 xy 習慣上忽略不表出。

8.3 Helmholtz 方程式邊界積分式

邊界積分式的推導，除了利用加權殘差法可以得到之外，也可以利用 Green's identity 方法得到。給定 f, g 兩個函數，Green's identity 公式可以寫出為：

$$\int_\Omega \left(f\nabla^2 g - g\nabla^2 f \right) d\Omega = \int_\Gamma \left(f\frac{\partial g}{\partial n} - g\frac{\partial f}{\partial n} \right) d\Gamma \qquad (8\text{-}11)$$

（8-11）式可以很容易的證明得到。原理是利用 Divergence 定理將領域積分轉為邊界積分。

$$\begin{aligned}\int_\Omega f\nabla^2 g \, d\Omega &= \int_\Omega \left[\nabla\cdot\left(f\nabla g \right) - \nabla f \cdot \nabla g \right] d\Omega \\ &= \int_\Gamma f\frac{\partial g}{\partial n} d\Gamma - \int_\Omega \left(\nabla f \cdot \nabla g \right) d\Omega \end{aligned} \qquad (8\text{-}12)$$

同樣的，

$$\int_\Omega g\nabla^2 f \, d\Omega = = \int_\Gamma g\frac{\partial f}{\partial n} d\Gamma - \int_\Omega \left(\nabla g \cdot \nabla f \right) d\Omega \qquad (8\text{-}13)$$

（8-12）式減去（8-13）式即得證（8-11）式。若上述 f, g 函數為分別滿足 Helmholtz 方程式，

$$\nabla^2 f + K^2 f = 0 \qquad (8\text{-}14a)$$

$$\nabla^2 g + K^2 g = 0 \qquad (8\text{-}14b)$$

也可以證明 f, g 滿足 Green's identity，表示式成為：

$$\int_\Omega \left(f\left[\nabla^2 g + K^2 g \right] - g\left[\nabla^2 f + K^2 f \right] \right) d\Omega = \int_\Gamma \left(f\frac{\partial g}{\partial n} - g\frac{\partial f}{\partial n} \right) d\Gamma \qquad (8\text{-}15)$$

或寫為：

$$\int_\Gamma \left(f\frac{\partial g}{\partial n} - g\frac{\partial f}{\partial n} \right) d\Gamma = 0 \qquad (8\text{-}16)$$

（8-16）式中，若令 $f = A$ 為所要求解的函數，$g = u^*$ 為 Helmholtz 方程式基本解。

$$g = H_0^{(1)}(Kr) \tag{8-17}$$

其中，$H_0^{(1)}(Kr)$ 為 zero order Hankel function of the first kind。則（8-16）式改寫為：

$$\int_\Gamma \left[A \frac{\partial}{\partial n}\left(H_0^{(1)}(Kr) \right) - H_0^{(1)}(Kr) \frac{\partial A}{\partial n} \right] d\Gamma \tag{8-18}$$

接下來討論 x^i 位置的 singularity 的結果。相同於二維問題的討論，取一個半徑極小的圓圈住 x^i，然後令半徑 $\varepsilon \to 0$，如圖 8-4 所示。

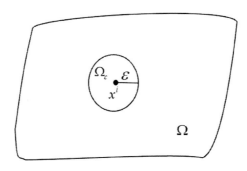

圖 8-4　取一個半徑極小的圓圈住 x^i 示意圖

（8-18）式邊界的積分可以分成兩部份來討論，可以表示為：

$$\int_{\Gamma-\Gamma_c} \left[A \frac{\partial}{\partial n}\left(H_0^{(1)}(Kr) \right) - H_0^{(1)}(Kr) \frac{\partial A}{\partial n} \right] d\Gamma$$
$$+ \int_{\Gamma_c} \left[A \frac{\partial}{\partial n}\left(H_0^{(1)}(Kr) \right) - H_0^{(1)}(Kr) \frac{\partial A}{\partial n} \right] d\Gamma = 0 \tag{8-19}$$

當 $\varepsilon \to 0$，

$$H_0^{(1)}(Kr) \to \frac{2i}{\pi} \ln r , \; r \to 0 \tag{8-20}$$

$$\frac{\partial}{\partial r}\left[H_0^{(1)}(Kr)\right] \to \frac{2i}{\pi}\frac{1}{r},\ r \to 0 \tag{8-21}$$

因此，（8-19）式第二積分項成為：

$$\lim_{\varepsilon \to 0}\int_{\Gamma_c}\left[A\frac{\partial}{\partial n}\left(H_0^{(1)}(Kr)\right) - H_0^{(1)}(Kr)\frac{\partial A}{\partial n}\right]d\Gamma$$
$$= \lim_{\varepsilon \to 0}\left[A\frac{2i}{\pi}\frac{1}{\varepsilon}(2\pi\varepsilon) - 0\right] \tag{8-22}$$
$$= (4i)A$$

（8-19）式則成為：

$$4iA^i + \int_{\Gamma}\left[A\frac{\partial}{\partial n}\left(H_0^{(1)}(Kr)\right)\right]d\Gamma + \int_{\Gamma}\left[-H_0^{(1)}(Kr)\frac{\partial A}{\partial n}\right]d\Gamma = 0 \tag{8-23}$$

同樣的討論，當 x^i 移到平滑的邊界時，則（8-23）式可寫為：

$$2iA^i + \int_{\Gamma}\left[A\frac{\partial}{\partial n}\left(H_0^{(1)}(Kr)\right)\right]d\Gamma + \int_{\Gamma}\left[-H_0^{(1)}(Kr)\frac{\partial A}{\partial n}\right]d\Gamma = 0 \tag{8-24}$$

需要留意到，（8-23）和（8-24）式使用的基本解型式為 $u^* = H_0^{(1)}(Kr)$。

若基本解使用 $u^* = \frac{i}{4}H_0^{(1)}(Kr)$，則（8-23）和（8-24）式分別寫為：

$$x^i \in \Omega,\ A^i + \int_{\Gamma}\left[A\frac{\partial}{\partial n}\left(H_0^{(1)}(Kr)\right)\right]d\Gamma + \int_{\Gamma}\left[-H_0^{(1)}(Kr)\frac{\partial A}{\partial n}\right]d\Gamma = 0 \tag{8-25}$$

$$x^i \in \Gamma,\ \frac{1}{2}A^i + \int_{\Gamma}\left[A\frac{\partial}{\partial n}\left(H_0^{(1)}(Kr)\right)\right]d\Gamma + \int_{\Gamma}\left[-H_0^{(1)}(Kr)\frac{\partial A}{\partial n}\right]d\Gamma = 0 \tag{8-26}$$

所考慮問題領域若含有無限領域，如圖 8-5 所示。Γ_∞ 為無限領域的邊界。此問題也稱為 unbounded domain。此時，由（8-23）式，邊界積分式可寫為：

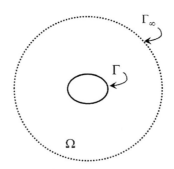

圖 8-5　領域含有無限邊界示意圖

$$4iA^i + \int_{\Gamma+\Gamma_\infty}\left[A\frac{\partial}{\partial n}\left(H_0^{(1)}(Kr)\right)\right]d\Gamma + \int_{\Gamma+\Gamma_\infty}\left[-H_0^{(1)}(Kr)\frac{\partial A}{\partial n}\right]d\Gamma = 0 \qquad (8\text{-}27)$$

留意到，在無限邊界 Γ_∞ 上，$r \to \infty$，$\vec{n} = \vec{r}$。

$$H_0^{(1)}(Kr) \to \sqrt{\frac{2}{\pi Kr}}\cdot e^{i\left(Kr-\frac{\pi}{4}\right)},\ r \to \infty \qquad (8\text{-}28)$$

$$\frac{\partial}{\partial r}\left[H_0^{(1)}(Kr)\right]$$
$$= -KH_1^{(1)}(Kr) \to -K\sqrt{\frac{2}{\pi Kr}}\cdot e^{i\left(Kr-\frac{\pi}{4}-\frac{\pi}{2}\right)},\ r \to \infty \qquad (8\text{-}29)$$

$$\begin{aligned}
I_\infty &= \int_{\Gamma_\infty}\left[A\frac{\partial}{\partial n}\left(H_0^{(1)}(Kr)\right)\right]d\Gamma + \int_{\Gamma_\infty}\left[-H_0^{(1)}(Kr)\frac{\partial A}{\partial n}\right]d\Gamma \\
&= \int_0^{2\pi}\left[A\frac{\partial}{\partial n}\left(H_0^{(1)}(Kr)\right) - H_0^{(1)}(Kr)\frac{\partial A}{\partial n}\right]rd\theta \\
&= \int_0^{2\pi}\sqrt{\frac{2}{\pi Kr}}\cdot e^{i\left(Kr-\frac{\pi}{4}\right)}[-AKe^{i\left(\frac{\pi}{2}\right)} - \frac{\partial A}{\partial r}]rd\theta \\
&= -\int_0^{2\pi}\sqrt{\frac{2}{\pi K}}\cdot e^{i\left(Kr-\frac{\pi}{4}\right)}\sqrt{r}[\frac{\partial A}{\partial r} - iKA]d\theta
\end{aligned} \qquad (8\text{-}30)$$

由（8-30）式可知，若無限邊界的積分要為零，需要滿足：

$$\lim_{r \to 0}\left[\frac{\partial A}{\partial r} - iKA = 0\right] \tag{8-31}$$

（8-31）式也稱為平面問題無限邊界的輻射條件（radiation condition）。另外基本解 $u^* = H_0^{(1)}(Kr)$ 也滿足（8-31）式的輻射條件，表示式如下：

$$
\begin{aligned}
&\lim_{r \to \infty} \sqrt{r}\left[\frac{\partial H_0^{(1)}(Kr)}{\partial r} - iKH_0^{(1)}(Kr)\right] \\
&= \lim_{r \to \infty}\left\{-K\sqrt{r}\left[H_1^{(1)}(Kr) + iH_0^{(1)}(Kr)\right]\right\} \\
&= \lim_{r \to \infty}\left\{-K\sqrt{\frac{2}{\pi K}} \cdot e^{i(Kr - \frac{\pi}{4})}\left[e^{-i\frac{\pi}{2}} + i\right]\right\} = 0
\end{aligned}
\tag{8-32}
$$

8.4　Helmholtz 方程式基本解

本節內容來源參考 https://en.wikipedia.org/wiki/Helmholtz_equation，或者 https://math.stackexchange.com/questions/2235615/fun-da-mental-solution-of-the-helmholtz-equation 讀者可以自行研究。

按照基本解（fundamental solution）定義，以通式寫出為：

$$\left(\nabla^2 + \mu\right)u^*(x,y) = -\Delta^i \tag{8-33}$$

式中，$\mu = K^2$。求解基本解作法上仍然先求解（8-33）式等號右邊為零的解的型式，然後討論特解。類似二維問題的討論，（8-33）式齊性表示式以 n 維度球座標（spherical coordinate in R^n）表出可寫為：

$$\frac{d}{dr}\left(r^{n-1}\frac{du^*}{dr}\right) + \mu r^{n-1}u^* = 0 \tag{8-34}$$

先令變數轉換：

$$u^* = wr^{1-\frac{n}{2}} \tag{8-35}$$

則（8-34）式可轉換為：

$$\frac{d}{dr}\left(r\frac{dw}{dr}\right) + \left(1-\frac{n}{2}\right)^2 \frac{w}{r} + \mu rw = 0 \tag{8-36}$$

（8-36）式為 $\frac{n}{2}-1$ 階次 Bessel type 微分方程式，其解可以寫出為：

$$w(r) = c_1 H_{\frac{n}{2}-1}^{(1)}(\mu^{1/2}r) + c_2 H_{\frac{n}{2}-1}^{(2)}(\mu^{1/2}r) \tag{8-37}$$

若 $\mu \notin [0,\infty]$，則 $\mu^{1/2}$ 為正虛數，（8-37）式等號右邊第二項為：

$$H_{\frac{n}{2}-1}^{(2)}(\mu^{1/2}r) \to \infty, r \to \infty \tag{8-38}$$

即 $c_2 = 0$，（8-37）式成為：

$$w(r) = c_1 H_{\frac{n}{2}-1}^{(1)}(\mu^{1/2}r) \tag{8-39}$$

另由（8-35）式，基本解成為：

$$u^* = c_1 r^{1-\frac{n}{2}} H_{\frac{n}{2}-1}^{(1)}(\mu^{1/2}r) \tag{8-40}$$

考慮當 $n=2$，（8-40）式簡化為：

$$u^* = c_1 H_0^{(1)}(\mu^{1/2}r) \tag{8-41}$$

留意到，

$$H_0^{(1)}(\mu^{1/2}r) \rightarrow \frac{2i}{\pi}\ln r, \ r \rightarrow 0 \tag{8-42}$$

接下來討論（8-41）式中的 c_1 的值。在平面上，考慮以 x^i 為圓心，半徑極小的圓（$r = \varepsilon, \varepsilon \rightarrow 0$），對（8-33）式進行面積分。同樣的，面積分藉由 divergence 定理轉換為邊界的線積分，由於圓半徑極小，因此直接寫為函數值乘上圓周的長度。由此可得：

$$\int_{\Omega}\left(\nabla^2 + \mu\right)u^*(x,y)d\Omega = -1 \tag{8-43}$$

由（8-43）討論可得：

$$c_1 \cdot \frac{2i}{\pi} \cdot \frac{1}{\varepsilon} \cdot 2\pi\varepsilon = -1 \tag{8-44}$$

即可得：

$$c_1 = \frac{i}{4} \tag{8-45}$$

基本解則得表示式為：

$$u^* = \frac{i}{4}H_0^{(1)}(\mu^{1/2}r) \tag{8-46}$$

或寫為：

$$u^* = \frac{i}{4}H_0^{(1)}(Kr) \tag{8-47}$$

8.5 等水深港池振盪求解

應用 Helmholtz 方程式最明顯的例子就是計算等水深矩形港池共振的問題（Lee, 1971），如圖 8-6 所示。矩形港池開口兩側為平直海岸，受到入射波入侵，使用邊界元素法求解這個問題。

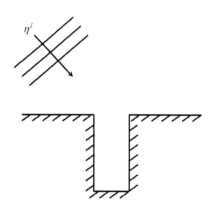

圖 8-6　波浪入侵矩形港池示意圖

在求解概念上，首先由於是等水深的波浪問題，因此控制方程式由原本的 Laplace 轉變為 Helmholtz 方程式。就問題的物理特性來看，若沒有港池開口，則入射波 η^I 遇到平直海岸線，如果忽略能量損失則產生全反射波 η^R。另外，由於有港池開口，波浪將產生繞射波浪而且以港口為中心往外海方向繞射出去。波浪入侵矩形港池的求解概念如圖 8-7 所示。

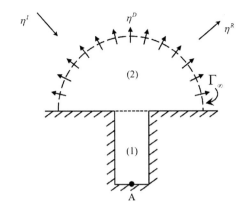

圖 8-7　港池振盪問題求解概念示意圖

　　求解這個問題，實際上就是求解繞射波浪以及港內的波浪場。在作法上為將求解領域分成港內領域(1)以及港外領域(2)。港內邊界考慮三面為全反射僅開口與港外領域(2)銜接。港外繞射波在平直海岸為全反射，再來就是繞射波往外輻射傳遞。但在數值求解上，則需要在有限距離位置設定人為邊界 Γ_∞，給定輻射邊界條件讓繞射波浪通過。由於港池開口為有限寬度，繞射波浪並非點繞射，因此，理論上人為輻射邊界越遠越能夠模擬波浪輻射情形。

　　利用邊界元素法來求解，港內和港外領域的邊界定義如圖 8-8 所示。港內領域包括反射邊界 Γ_1 以及港池開口 Γ_2，邊界元素法矩陣式可以寫為：

$$\begin{bmatrix} H_1^1 & H_2^1 \end{bmatrix} \begin{Bmatrix} A_1^1 \\ A_2^1 \end{Bmatrix} = \begin{bmatrix} G_1^1 & G_2^1 \end{bmatrix} \begin{Bmatrix} q_1^1 \\ q_2^1 \end{Bmatrix} \tag{8-48}$$

（8-48）式代入邊界條件簡化為：

$$\begin{bmatrix} H_1^1 & H_2^1 \end{bmatrix} \begin{Bmatrix} A_1^1 \\ A_2^1 \end{Bmatrix} = \begin{bmatrix} G_2^1 \end{bmatrix} \begin{Bmatrix} q_2^1 \end{Bmatrix} \tag{8-49}$$

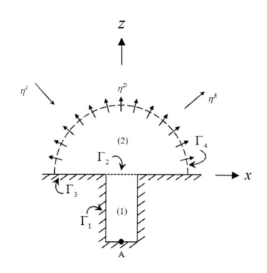

圖 8-8　邊界元素法邊界定義圖

港外領域包括海岸反射邊界Γ_3、港池開口Γ_2、以及輻射邊界Γ_4，邊界元素法矩陣式可以寫為：

$$\begin{bmatrix} H_1^2 & H_2^2 & H_3^2 \end{bmatrix} \begin{Bmatrix} A_1^2 \\ A_2^2 \\ A_3^2 \end{Bmatrix} = \begin{bmatrix} G_1^2 & G_2^2 & G_3^2 \end{bmatrix} \begin{Bmatrix} q_1^2 \\ q_2^2 \\ q_3^2 \end{Bmatrix} \tag{8-50}$$

（8-50）式代入邊界條件簡化為：

$$\begin{bmatrix} H_1^2 & H_2^2 & H_3^2 - iKG_3^2 \end{bmatrix} \begin{Bmatrix} A_1^2 \\ A_2^2 \\ A_3^2 \end{Bmatrix} = \begin{bmatrix} G_1^2 \end{bmatrix} \begin{Bmatrix} q_1^2 \end{Bmatrix} \tag{8-51}$$

港內領域和港外領域的交集開口邊界上的連續條件：

$$A_2^1 = A_1^2 + A^I + A^R \tag{8-52}$$

$$-q_2^1 = q_1^2 + \frac{\partial A^I}{\partial z} + \frac{\partial A^R}{\partial z} \tag{8-53}$$

將（8-52）式和（8-53）式代入（8-49）式可得：

$$\begin{bmatrix} H_1^1 & H_2^1 \end{bmatrix} \begin{Bmatrix} A_1^1 \\ A_1^2 \end{Bmatrix} = -\begin{bmatrix} G_2^1 \end{bmatrix} \begin{Bmatrix} q_1^2 \end{Bmatrix}$$

$$-\begin{bmatrix} H_2^1 \end{bmatrix} \begin{Bmatrix} A^I + A^R \end{Bmatrix} + \begin{bmatrix} G_2^1 \end{bmatrix} \begin{Bmatrix} \dfrac{\partial A^I}{\partial z} + \dfrac{\partial A^R}{\partial z} \end{Bmatrix} \tag{8-54}$$

合併（8-51）式和（8-54）式可得求解整個問題的矩陣式：

$$\begin{bmatrix} H_1^1 & H_2^1 & G_2^1 & 0 & 0 \\ 0 & H_1^2 & -G_1^2 & H_2^2 & H_3^2 - iKG_3^2 \end{bmatrix} \begin{Bmatrix} A_1^1 \\ A_1^2 \\ q_1^2 \\ A_2^2 \\ A_3^2 \end{Bmatrix} \tag{8-55}$$

$$= \begin{bmatrix} -H_2^1 \end{bmatrix} \begin{Bmatrix} A^I + A^R \end{Bmatrix} + \begin{bmatrix} G_2^1 \\ G_1^2 \end{bmatrix} \begin{Bmatrix} \dfrac{\partial \left(A^I + A^R \right)}{\partial z} \end{Bmatrix}$$

給定矩形港池的幾何配置，以及入射波的條件，加上選定人為輻射邊界的位置，則藉由（8-55）式可以求解問題。

　　對於矩形港池共振的數值計算，一般使用 Lee (1971) 原始資料，矩形港池寬度 0.0605m、港池縱深（ℓ）0.3212m、水深 0.1225m，然後藉此計算港池底端中間 A 點，圖 8-8 所示，的波高放大因子。波高放大因子定義為波高除以入射波和反射波波高的和。引用 Lee (1971) 原始結果，A 點波高放大因子如圖 8-9 所示。需要留意的，波高放大因子等於 1.0 是原本合理的值，因為港池底端為全反射條件，本來就是兩倍入射波高。但是由於港池的自然頻率，因此產生第一共振頻率以及第二共振頻率位置的共振結果。另外，由於繞射波浪的產生，波浪往港外領域輻射傳出，表示波浪能量傳出所求解領域，或者說所求解領域的波浪能量受到阻尼（damping）效應，因此，波浪共振現象均為有限振幅而非理論解的無窮大。以這個問題的延伸方面來看，實際地形水深可以加進來考慮，模式延伸到不等水深；港內岸壁可以考慮具有能量損失效應；港外的平直海岸可以考慮任意型態，而且可以具有能量損失效應；至於遠域的輻射邊界條件，也可以採用理論解的方式加進模式的邊界。

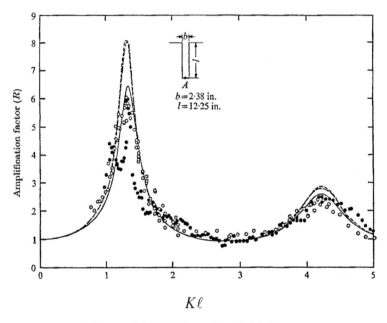

圖 8-9　矩形港池 A 點波高放大因子

　　有關於任意水深的港池振盪計算，比較最近的文章可以參考 Kumar et al. (2018) 以及其中的參考文獻。需要留意到的，若考慮不等水深，以求解方法而言，目前有的作法則需要為領域的方法（domain method），例如有限元素法使用緩坡方程式（mild-slope equation）求解問題，至於，邊界元素法求解則需要再繼續研究開發可行的做法。港池振盪的問題也有考慮港池雙開口的，如劉，等人（2014）計算安平港雙開口對於港內波浪變化的問題，其他參考文獻可參考這篇文章後面列出的文獻。安平港幾何配置如圖 8-10 所示。北方為安平漁港，而南方則為安平商港，漁港和商港水域為相通。應用港池振盪計算原理，所計算的數值領域如圖 8-11 所示。儘管所考慮的是雙開口，但是在作法上，仍然當作單一開口來處理，港外遠域的輻射邊界為了讓繞射效果好些，則考慮更大的半圓作計算。如果不去考慮電腦計算資源的使用，理論上是可行的。仍然，這裡考慮的是實際的港域問題，因此使用不等水深的模式計算，當然無法使用邊界元素法，這裡是使用有限元素法進行計算。整體而言，計算概念相當簡單，可以藉以討論兩個開口的效應，在運用上面是相當值得加分的。

圖 8-10 安平港兩個開口幾何配置圖

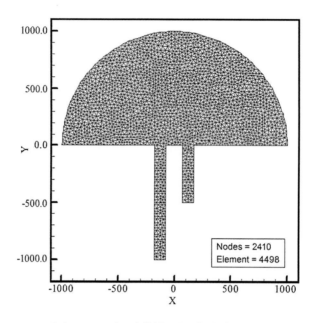

圖 8-11　安平港雙開口數值領域圖

【參考文獻】

1. Kumar, P. Rajni, and Rupali, Wave induced oscillation in an irregular domain by using hybrid finite element model, Proceedings ICAPM, 2018.

2. Lee, J.J., Wave induced oscillations in harbors of arbitrary geometries, Journal of Fluid Mechanics, Vol.45, part 2, pp.375-394, 1971.

3. 劉正琪、李兆芳、邱永芳、李俊穎，安平港雙開口對於港池波浪場之影響，海洋工程學刊，第十四卷，第三期，第 161~176 頁，2014。

國家圖書館出版品預行編目資料

邊界元素法精確上手 / 李兆芳　著

臺中市：天空數位圖書　2020.07

面：16*24 公分

ISBN：978-957-9119-81-8（平裝）

1.力學　2.數值分析

332　　　　　　　　　　109010405

書　　　名：邊界元素法精確上手

發 行 人：蔡秀美

出 版 者：天空數位圖書有限公司

作　　　者：李兆芳

版 面 編 輯：採編組

美 工 設 計：設計組

出 版 日 期：2020 年 07 月（初版）

銀 行 名 稱：合作金庫銀行南台中分行

銀 行 帳 戶：天空數位圖書有限公司

銀 行 帳 號：006-1070717811498

郵 政 帳 戶：天空數位圖書有限公司

劃 撥 帳 號：22670142

定　　　價：新台幣 340 元整

電子書發明專利第 Ｉ 306564 號

※如有缺頁、破損等請寄回更換

【購書訊息】

天空書城（折扣優惠）
http://www.bookcitysky.com.tw
博客來網路書店
三民書店、三民網路書店
各大書店及校園書局

Family Sky

紙本書編輯印刷：
電子書編輯製作：
天空數位圖書公司　E-mail：familysky@familysky.com.tw　http://www.familysky.com.tw/
地址：40255台中市南區忠明南路787號30F國王大樓　Tel：04-22623893　Fax：04-22623863